工业机器人技术专业系列教材

工业机器人 RobotStudio 仿真训练教程

主　编　雷旭昌　陈江魁　王茜菊
副主编　刘江圣

U0279929

重庆大学出版社

内容提要

本书围绕 ABB 工业机器人仿真软件 RobotStudio 进行讲解，书中详细介绍了 RobotStudio 仿真软件的安装、工作站的创建、建模功能的使用、工具工件坐标的创建、轨迹规划、编程调试及机器人典型工作站的创建。课程内容包含仿真实训的每一个操作步骤，可让学员了解及应用 RobotStudio 仿真软件的功能，以使其具备基本的工业机器人仿真应用操作能力，从而更好地适应机器人应用相关岗位的工作。

本书可作为高职高专院校工业机器人技术专业及中职学校机器人相关专业教材，学生可通过本书学习工业机器人仿真软件的基本知识并掌握工业机器人仿真应用的基本操作技能。

图书在版编目(CIP)数据

工业机器人 RobotStudio 仿真训练教程 / 雷旭昌,陈江魁,王茜菊主编. --重庆：重庆大学出版社,2019.7(2022.7 重印)
  ISBN 978-7-5689-1242-6

Ⅰ.①工… Ⅱ.①雷… ②陈… ③王… Ⅲ.①工业机器人—程序设计—教材 Ⅳ.①TP242.2

中国版本图书馆 CIP 数据核字(2018)第 154812 号

工业机器人 RobotStudio 仿真训练教程
主 编 雷旭昌 陈江魁 王茜菊
副主编 刘江圣
策划编辑:苟荟羽

责任编辑:陈 力 版式设计:苟荟羽
责任校对:刘 刚 责任印制:张 策

*

重庆大学出版社出版发行
出版人:饶帮华
社址:重庆市沙坪坝区大学城西路 21 号
邮编:401331
电话:(023) 88617190 88617185(中小学)
传真:(023) 88617186 88617166
网址:http://www.cqup.com.cn
邮箱:fxk@ cqup.com.cn (营销中心)
全国新华书店经销
重庆俊蒲印务有限公司印刷

*

开本:787mm×1092mm 1/16 印张:17.75 字数:434 千
2019 年 7 月第 1 版 2022 年 7 月第 2 次印刷
印数:2 0001—4 000
ISBN 978-7-5689-1242-6 定价:58.00 元

前　言

随着工业制造水平的不断发展,一个集机械、电子、控制、计算机、传感器、人工智能等多学科先进技术于一体的自动化装备——工业机器人,已经全面应用于生产制造的各个行业。工业机器人应用发展水平已经成为衡量一个国家智能制造水平的重要标志。如何在高成本、高操作难度的机器人应用试验、测试的基础上不断提高机器人的应用水平值得研究,RobotStudio 仿真软件由此应运而生。RobotStudio 仿真可以在实际机器人安装前,通过可视化及可确认的解决方案和布局来提高机器人生产效率、降低机器人生产的风险,并通过创建更加精确的机器人加工路径来获得质量更高的产品。

本书结合实际生产的情况,针对机器人仿真软件的操作与应用,采用"项目引领、任务驱动"的理实一体化教学方式。主要内容以 RobotStudio 仿真软件为载体,以 ABB 机器人为对象,通过三维建模、构建仿真工业机器人工作站、离线轨迹编程、Smart 组件应用的实训操作,使学生掌握工业机器人仿真软件的基本知识和基本操作技能,并熟悉仿真在工业实际场景中的应用过程。

本书的主导思想为"突出操作技能,提高动手能力"。书中采用了大量的实例,知识结构由浅入深,项目训练由易到难,循序渐进,理论与实践结合紧密。并将企业岗位所需的知识和技能以训练任务为载体,通过完成一个个的训练任务,使学生能够掌握实用的工业机器人仿真知识和技能。

本书分为 7 个项目,项目一、项目二由深圳市华兴鼎盛科技有限公司雷旭昌编写,项目三由湖南工贸技师学院刘江圣编写,项目四、项目七由浙江台州技工学校王茜菊编写,项目五、项目六由湖南工贸技师学院陈江魁编写,全书由陈江魁老师统稿。

在本书的编写过程中,编者参阅了部分国内外相关资料,在此向原作者表示衷心的感谢!

由于编者水平所限,书中难免存在疏漏之处,恳请广大读者评判指正,并提出宝贵意见。

编　者

2019 年 1 月

目　录

项目一

了解工业机器人仿真技术并安装 RobotStudio

任务一 了解工业机器人仿真技术的发展状况及应用特点

1 任务描述

通过学习了解工业机器人的品牌、型号以及仿真技术的发展状况,了解机器人的应用特点等基本知识。

2 知识讲解

1)了解机器人仿真技术的发展状况

随着工业自动化的市场竞争压力日益加剧,客户需要在生产中要求更高的效率,以降低价格,提高质量。如今让机器人编程在新产品生产之前花费时间检测或试运行是行不通的,因为这意味着要停止现有的生产以对新的或修改的部件进行编程。不先验证到达距离及工作区域,而冒险制造刀具和固定装置已不再是首选方法。现代生产厂家在设计阶段就会对新部件的可制造性进行检查。在为机器人编程时,离线编程可与建立机器人应用系统同时进行。

在产品制造的同时对机器人系统进行编程可提早开始产品生产,以缩短上市时间。离线编程在机器人实际安装前,可通过可视化及可确认的解决方案和布局来降低风险,并通过创建更加精确的路径来获得更高的部件质量。为实现真正的离线编程,RobotStudio 采用了ABBVirtualRobot™技术,而 ABB 在十多年前就已经发明了 VirtualRobot™技术,RobotStudio 是市场上离线编程的领先产品。通过新的编程方法,ABB 正在世界范围内建立起机器人编程标准。

2)熟悉机器人仿真软件的主要功能

在 RobotStudio 中可以实现下述主要功能。

（1）CAD 导入

RobotStudio 可轻易地以各种主要的 CAD 格式导入数据，包括 IGES、STEP、VRML、VDAFS、ACIS 和 CATIA。通过使用此类非常精确的 3D 模型数据，机器人程序设计员可以生成更为精确的机器人程序，从而提高产品质量。

（2）自动路径生成

自动路径生成是 RobotStudio 节省时间的功能之一。通过使用待加工部件的 CAD 模型，可在短时间内自动生成跟踪曲线所需的机器人位置。如果人工执行此项任务，则可能需要数小时或数天。

（3）自动分析伸展能力

自动分析伸展能力可使操作者灵活移动机器人或工件，直至到达所有位置，也可在短时间内验证和优化工作单元布局。

（4）碰撞检测

在 RobotStudio 中可对机器人在运动过程中是否可能与周边设备发生碰撞进行验证与确认，以确保机器人离线编程得出程序的可用性。

（5）在线作业

使用 RobotStudio 与真实的机器人进行连接通信，对机器人可进行便捷的监控、程序修改、参数设定、文件传送及备份恢复的操作，可使调试与维护工作更轻松。

（6）模拟仿真

根据设计，在 RobotStudio 中进行工业机器人工作站的动作模拟仿真以及周期节拍，为工程的实施提供真实的验证。

（7）应用功能包

针对不同的应用推出功能强大的工艺功能包，这样可将机器人更好地与工艺应用进行有效融合。

（8）二次开发

提供功能强大的二次开发平台，使机器人应用实现更多的可能，以满足机器人的科研需要。

3　技能训练

观看一些机器人生产应用，特别是仿真技术生产应用的教学视频，激发学生对本课程的学习兴趣。

4　课后练习

①了解我们生活中有哪些实际生产生活运用到机器人？
②机器人仿真技术与实际操作机器人教学相比有哪些优势？
③我们如何获取更多的机器人仿真技术学习资料？

5 教学质量检测

任务书 1-1-1

项目 名称	了解工业机器人仿真技术并安装 RobotStudio		任务 名称	了解工业机器人仿真技术的发展状况及应用特点		
班级		姓名		学号		组别	
任务 内容	了解工业机器人仿真技术的发展状况以及仿真技术应用的必要性。教师根据教材内容结合视频讲解工业机器人仿真技术的功能以及应用场合					
任务 目标	1.了解什么是工业机器人仿真应用技术 2.RobotStudio 有哪些主要功能		掌握情况		1.了解 2.熟悉 3.熟练掌握	
任务 实施 总结						
教师 评价						

任务二 工业机器人仿真软件 RobotStudio 的安装

1 任务描述

通过合适的下载路径下载 RobotStudio 软件并在教师的教学演示下学会安装 RobotStudio 软件。

2 技能训练

RobotStudio 软件的安装步骤演示与操作。

步骤1 下载 RobotStudio 软件。

下载 RobotStudio 软件的过程如图 1-2-1、图 1-2-2 所示。

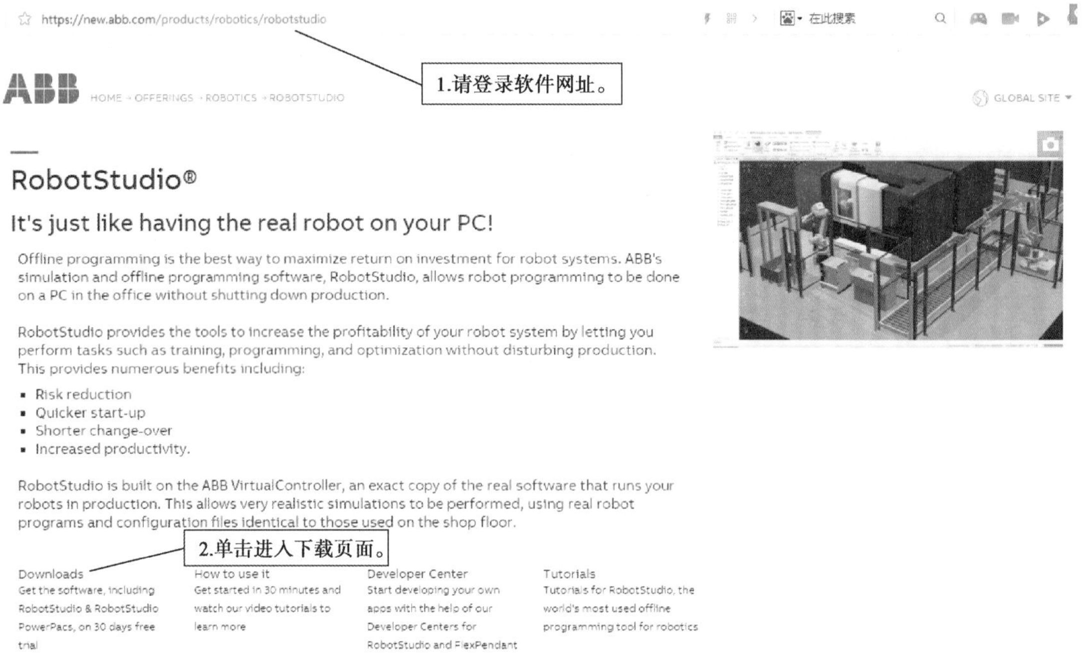

图 1-2-1　ABB 软件下载网址

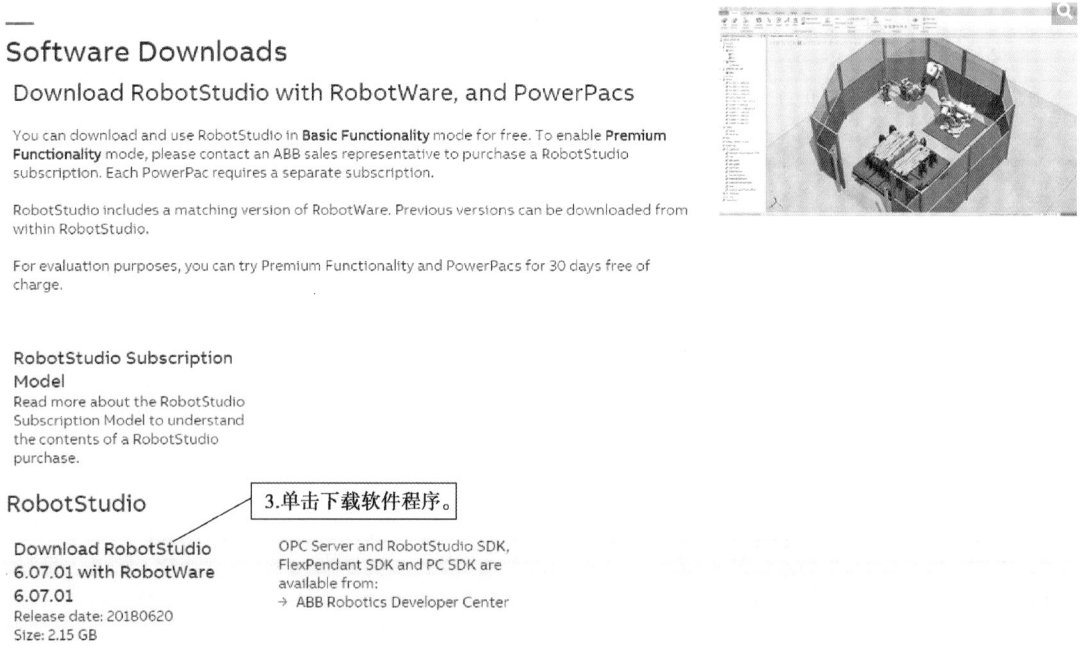

图 1-2-2　下载 RobotStudio 仿真软件

步骤 2   安装 RobotStudio 软件。

安装 RobotStudio 的过程如图 1-2-3 至图 1-2-5 所示。

图 1-2-3   选择安装应用程序

图 1-2-4   单击"安装产品"

图 1-2-5　选择安装内容

解压下载文件,然后单击"Setup"进行安装。

为确保 RobotStudio 能够正确安装,请注意下述事项。

(1)计算机的系统配置建议(表 1-2-1)。

表 1-2-1　计算机系统配置建议

硬　件	要　求
CPU	i5 或以上
内存	2 GB 或以上
硬盘	空闲 20 GB 以上
显卡	独立显卡
操作系统	Windows 7 或以上

(2)安装故障处理

操作系统中的防火墙可能会造成 RobotStudio 不能正常运行,如无法连接虚拟控制器,则建议关闭防火墙或对防火墙的参数进行恰当设定。

3　课后练习

①在安装 RobotStudio 软件过程中,哪些选项是需要用户选择的?

②独立完成 RobotStudio 软件的安装操作步骤。

4 教学质量检测

任务书 1-2-1

项目名称	了解工业机器人仿真技术并安装 RobotStudio		任务名称	工业机器人仿真软件 RobotStudio 的安装	
班级		姓名	学号		组别
任务内容	通过 ABB 官网下载 RobotStudio 仿真软件并学会安装软件的操作步骤				
任务目标	1.掌握 RobotStudio 的下载方法 2.掌握 RobotStudio 的安装操作步骤		掌握情况	1.了解 2.熟悉 3.熟练掌握	
任务实施总结					
教师评价					

任务三 RobotStudio 的软件授权管理

1 任务描述

了解 RobotStudio 软件的授权类别以及授权作用,通过教师的演示操作学会正确地对 RobotStudio 软件进行授权操作。

2 技能训练

RobotStudio 软件授权操作步骤的演示。

操作内容 1 关于 RobotStudio 的授权

在第一次正确安装 RobotStudio 后(图 1-3-1),软件提供 30 天的全功能高级版免费试用。

7

30 天以后,如果还未进行授权操作则只能使用基本版的功能。

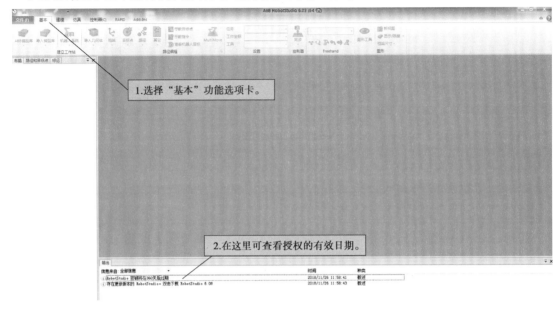

图 1-3-1　查看软件有效期

基本版:提供基本的 RobotStudio 功能,如配置、编程和运行虚拟控制器。基本版还可以通过以太网对实际控制器进行编程、配置和监控等在线操作。

高级版:提供 RobotStudio 所有的离线编程功能和多机器人仿真功能。高级版中包含基本版中的所有功能。要使用高级版需进行激活。

学校版:针对学校,有学校版的 RobotStudio 软件用于教学。

操作内容 2　激活授权的操作

如果已经从 ABB 获得 RobotStudio 的授权许可证,可以通过以下方式激活 RobotStudio 软件。

单机许可证只能激活一台计算机的 RobotStudio 软件,而网络许可证可在一个局域网内建立一台网络许可证服务器,对局域网内的 RobotStudio 客户端进行授权许可,客户端的数量由网络许可证所允许的数量决定。在授权激活后,如果计算机系统出现问题并重新安装 RobotStudio,将会造成授权失败。

在激活之前,请将计算机连接上互联网。因为 RobotStudio 可以通过互联网进行激活,这样操作会便捷很多。激活 RobotStudio 的步骤如图 1-3-2 至图 1-3-4 所示。

图 1-3-2　"文件"选项界面

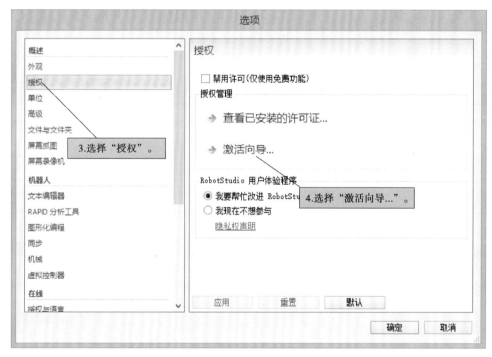

图 1-3-3　激活操作

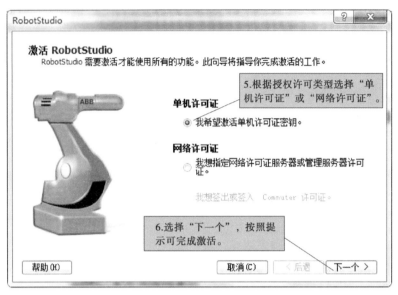

图 1-3-4　激活界面

3　课后练习

①单机许可证与网络许可证激活 RobotStudio 有哪些方面不同？
②练习 RobotStudio 软件的授权操作步骤。

4　教学质量检测

任务书 1-3-1

项目名称	了解工业机器人仿真技术并安装 RobotStudio		任务名称	RobotStudio 的软件授权管理		
班级		姓名		学号		组别	
任务内容	通过教师的操作演示了解 ABB 仿真软件 RobotStudio 授权管理的基本操作步骤以及掌握一些界面常出现问题的解决方法					
任务目标	1.RobotStudio 仿真软件的授权管理操作内容 2.RobotStudio 界面恢复的操作步骤		掌握情况		1.了解 2.熟悉 3.熟练掌握	
任务实施总结						
教师评价						

任务四 RobotStudio 的软件界面介绍

1 任务描述

打开 RobotStudio 软件,熟悉该仿真软件界面的功能选项卡以及功能选项卡中所包含的组件、系统、工具等内容,同时学会恢复默认的界面操作方法。

2 技能训练

仿真软件的打开,功能介绍以及界面恢复操作。

操作内容 1　RobotStudio 软件界面

①"文件"功能选项卡包含创建新工作站、创造新机器人系统、连接到控制器等功能,如图 1-4-1 所示。

图 1-4-1　"文件"功能选项卡

②"基本"功能选项卡包含建立工作站、路径编程和摆放物体所需的控件,如图 1-4-2 所示。

图 1-4-2　"基本"功能选项卡

③"建模"功能选项卡包含创建和分组工作站组件、创建实体、测量以及其他 CAD 操作所需的控件,如图 1-4-3 所示。

图 1-4-3　"建模"功能选项卡

④"仿真"功能选项卡包含创建、仿真控制、监控和记录仿真所需的控件,如图 1-4-4 所示。

图 1-4-4　"仿真"功能选项卡

⑤"控制器"功能选项卡包含用于虚拟控制器(VC)同步、配置和分配给它的任务控制措施,以及用于管理真实控制器的控制功能,如图 1-4-5 所示。

图 1-4-5　"控制器"功能选项卡

⑥"RAPID"功能选项卡包括"RAPID"编辑器的功能、RAPID 文件的管理以及用于 RAPID 编程的其他控件,如图 1-4-6 所示。

图 1-4-6　"RAPID"功能选项卡

⑦"Add-Ins"功能选项卡包含 PowerPacs 和 VSTA 的相关控件,如图 1-4-7 所示。

图 1-4-7　"Add-Ins"功能选项卡

操作内容 2　恢复默认 RobotStudio 界面的操作

刚开始操作 RobotStudio 时,常常会遇到操作窗口被意外关闭,从而无法找到对应的操作对象和查看相关信息的情况,如图 1-4-8 所示。

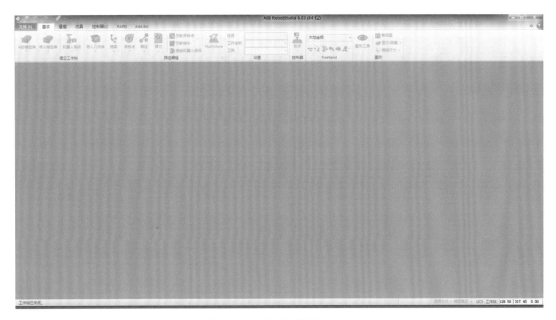

图 1-4-8　界面窗口意外关闭

可进行如图 1-4-9 所示的操作来恢复默认 RobotStudio 界面。

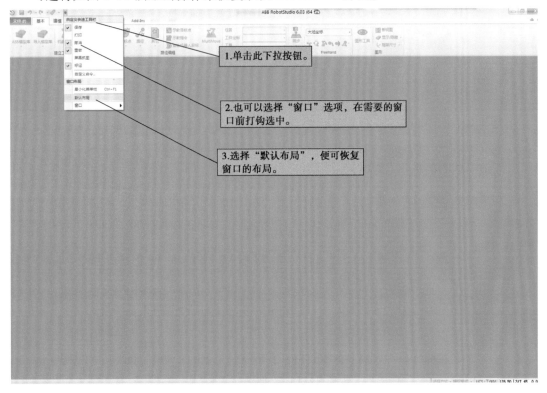

1.单击此下拉按钮。

2.也可以选择"窗口"选项，在需要的窗口前打钩选中。

3.选择"默认布局"，便可恢复窗口的布局。

图 1-4-9　界面恢复操作

恢复后的界面如图 1-4-10 所示。

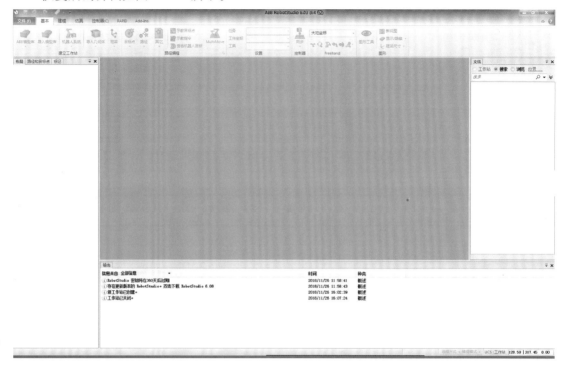

图 1-4-10　恢复后的界面

3　课后练习

①打开 RobotStudio 软件,熟悉各功能选项卡的内容,并了解这些内容是如何运行与运用的?

②了解哪些功能是我们经常需要用到的?

4　教学质量检测

任务书 1-4-1

项目名称	了解工业机器人仿真技术并安装 RobotStudio		任务名称	RobotStudio 的软件界面介绍	
班级		姓名		学号		组别	
任务内容	熟悉 RobotStudio 仿真软件的操作界面,了解"文件""基本""建模""仿真"等功能选项卡所包含的内容;学会对 RobotStudio 仿真软件界面进行恢复操作				
任务目标	1.熟悉 RobotStudio 仿真软件操作界面 2.了解各功能选项卡所包含的内容 3.学会设置如何恢复"默认布局"		掌握情况	1.了解 2.熟悉 3.熟练掌握	

续表

任务实施总结	
教师评价	

项目二

RobotStudio 中的建模功能

任务一　建模功能的使用

1　任务描述

通过 RobotStudio 仿真软件中的"建模"功能选项在工作站中建立长方体、圆柱体、锥体等简单的 3D 模型,从而节约仿真时间。

2　技能训练

长方体、圆柱体、锥体的 3D 模型建立以及参数测量的操作步骤。

当使用 RobotStudio 进行机器人的仿真验证时,如节拍、到达能力等,如果对周边模型要求不是非常细致的表述时,可以用简单的等同实际大小的基本模型来代替,从而节约仿真验证的时间,如图 2-1-1 所示。

如果需要精细的 3D 模型,可通过第三方的建模软件进行建模,并通过"∗.sat"格式导入 RobotStudio 中来完成建模布局的工作。

1)使用 RobotStudio 建模功能进行 3D 模型的创建

3D 建模过程如图 2-1-2 至图 2-1-4 所示。

2)对 3D 模型进行相关设置

对 3D 模型进行的相关设置如图 2-1-5、图 2-1-6 所示。

为了提高与各种版本 RobotStudio 的兼容性,建议在 RobotStudio 中做任何保存的操作时,保存的路径和文件名最好使用英文字符。

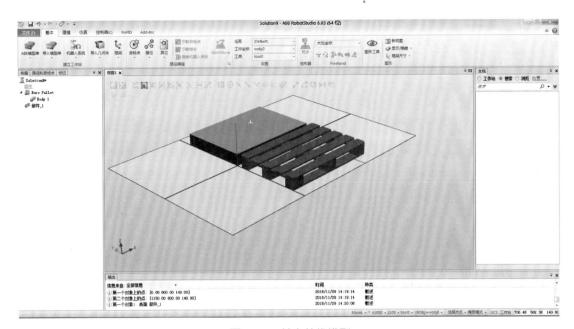

图 2-1-1　基本替代模型

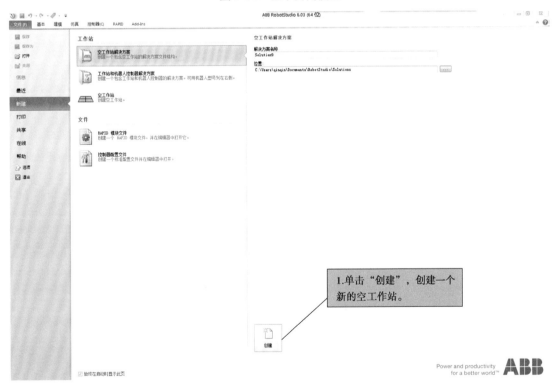

图 2-1-2　创建工作站

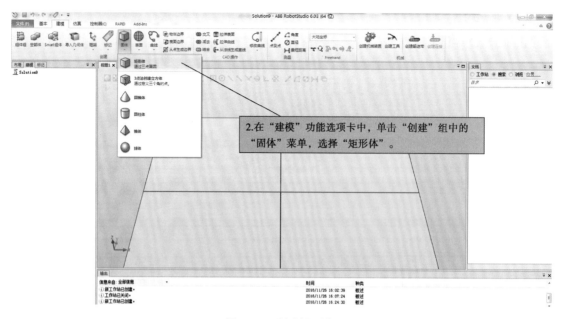

图 2-1-3　创建矩形体

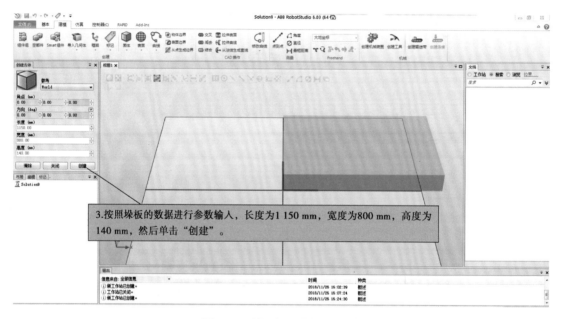

图 2-1-4　输入矩形体规格参数

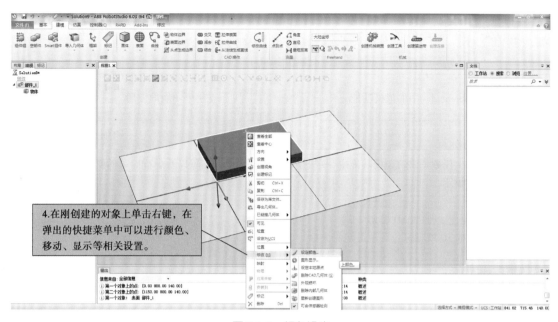

4.在刚创建的对象上单击右键，在弹出的快捷菜单中可以进行颜色、移动、显示等相关设置。

图 2-1-5　颜色设定

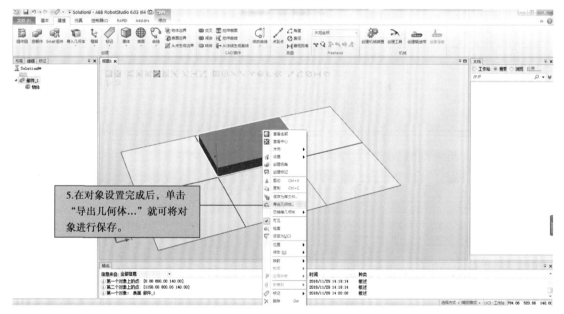

5.在对象设置完成后，单击"导出几何体…"就可将对象进行保存。

图 2-1-6　创建几何体的保存

3　课后练习

①建模功能选项卡中所建立的模型有哪些特点？

②在建立工作站的过程中如何合理利用建模功能创建需要的 3D 模型？

③课后要求学生自己独立地完成长方体、圆柱体、锥体等的 3D 建模操作。

4 教学质量检测

任务书 2-1-1

项目名称	RobotStudio 中的建模功能		任务名称	建模功能的使用		
班级		姓名		学号		组别	
任务内容	本次任务是讲解建模功能中 3D 模型创建的一般操作步骤以及进行简单的颜色、位置等参数的设定					
任务目标	1.创建矩形体 3D 模型 2.对 3D 模型进行颜色设定并保存		掌握情况	1.了解 2.熟悉 3.熟练掌握		
任务实施总结						
教师评价						

任务二　测量工具的使用

1　任务描述

在建模功能选项中,有点到点的测量、圆柱直径测量、角度测量、物体间最短距离测量等。本任务的内容是学会如何运用这些功能完成模型之间距离的测量。

2　技能培训

点到点、圆柱直径、角度、物体间最短距离的测量操作步骤。

1)测量垛板长度

测量垛板长度操作步骤如图 2-2-1、图 2-2-2 所示。

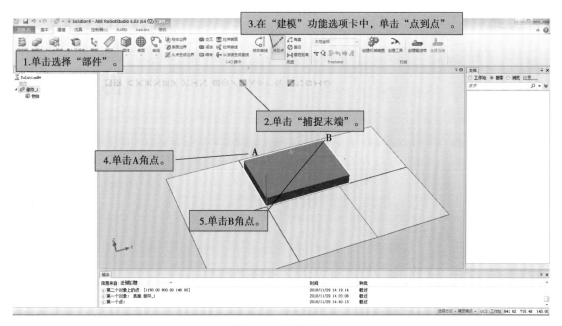

图 2-2-1　长度测量

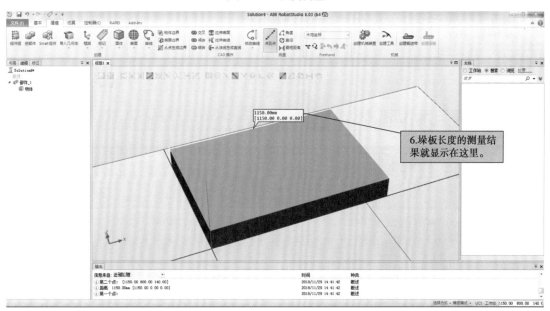

图 2-2-2　长度测量值

2)测量锥体的角度

测量锥体顶角角度的步骤如图 2-2-3、图 2-2-4 所示。

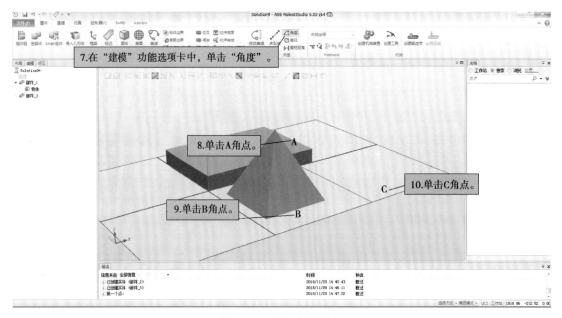

图 2-2-3　锥体角度测量

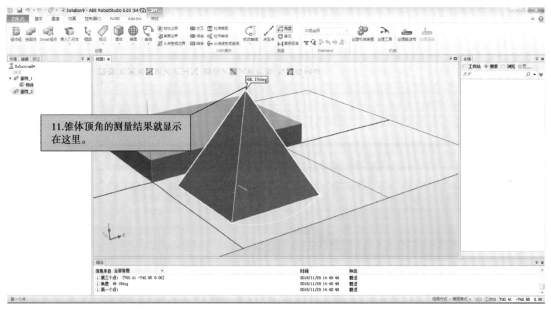

图 2-2-4　锥体角度值

3）测量圆柱体的直径

测量圆柱体直径步骤如图 2-2-5、图 2-2-6 所示。

4）测量两个物体间最短距离

测量两个物体间最短距离的步骤如图 2-2-7、图 2-2-8 所示。

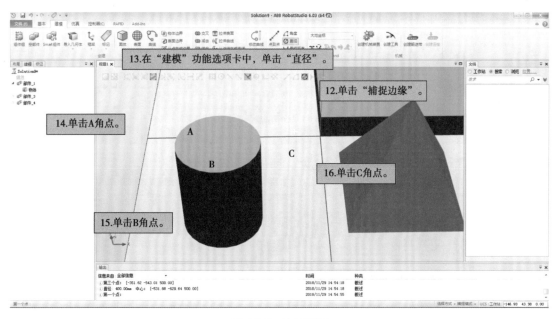

图 2-2-5　直径测量

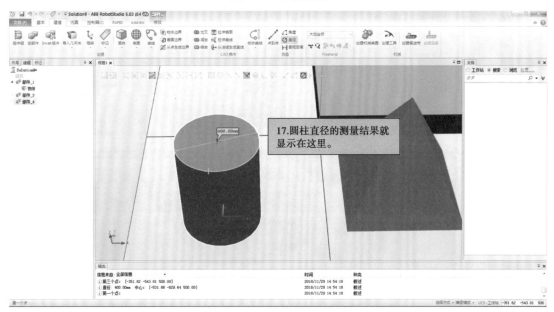

图 2-2-6　直径测量值

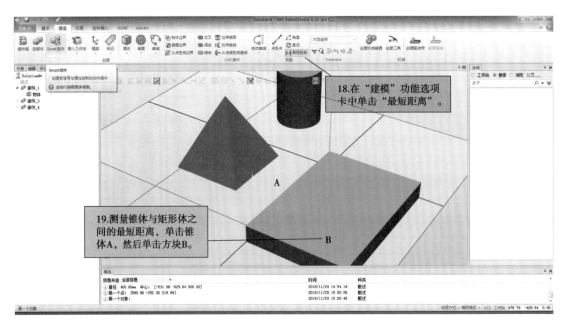

图 2-2-7　最短距离测量

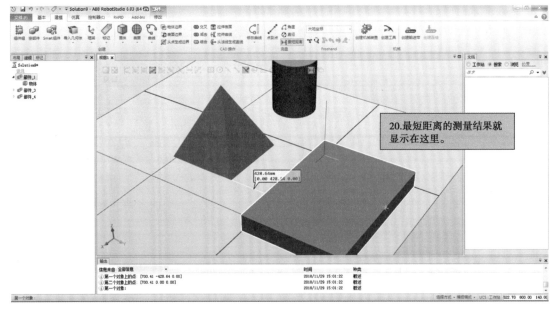

图 2-2-8　最短距离测量值

5)测量的技巧

　　测量的技巧主要体现在能够运用各种选择部件和捕捉模式正确地进行测量,需要多练习,以便掌握其中的技巧,如图 2-2-9 所示。

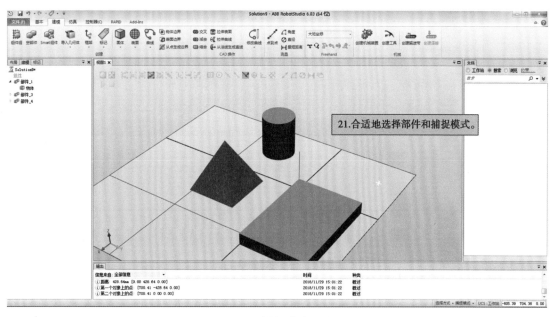

图 2-2-9　捕捉模式的选择

3　课后练习

①如何选择合适的捕捉方法测量长度、直径、角度以及模型之间的距离?

②学生需要自己创建一些模型和导入一些模型,以进行长度、直径、角度等的测量操作练习。

4　教学质量检测

任务书 2-2-1

项目 名称	RobotStudio 中建模功能的使用			任务 名称	测量工具的使用		
班级		姓名		学号		组别	
任务 内容	本次任务通过对建模功能选项卡中长度、直径、角度、最短距离等测量工具的使用,使学生学会在仿真软件 RobotStudio 中运用一般的测量技能						
任务 目标	1.长度测量 2.直径测量 3.角度测量 4.最短距离测量			掌握情况		1.了解 2.熟悉 3.熟练掌握	

续表

任务 实施 总结	
教师 评价	

任务三　创建机械装置

1　任务描述

利用建模功能创建两个模型,设定简单的机械关系,完成机械装置的创建并保存。

2　技能训练

创建机械装置的操作步骤如下所述。

在实际工作中,为了更好地展示效果,会为机器人周边的模型制作动画效果,如输送带、夹具和滑台等。这里以创建机械装置的一个能够滑动的滑台为例,如图 2-3-1 所示,具体步骤如下所述。

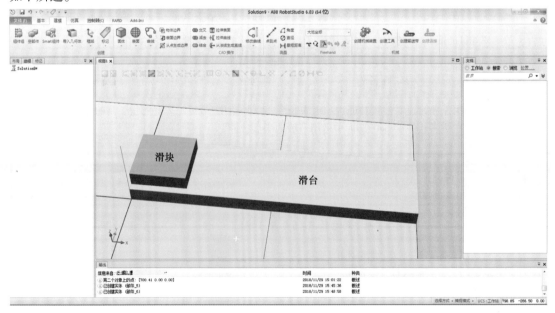

图 2-3-1　滑台机械装置

1）创建滑台与滑块 3D 模型

创建滑台与滑块 3D 模型步骤如图 2-3-2 至图 2-3-9 所示。

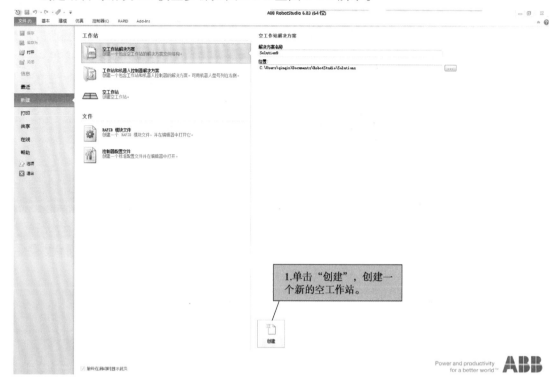

图 2-3-2　创建工作站

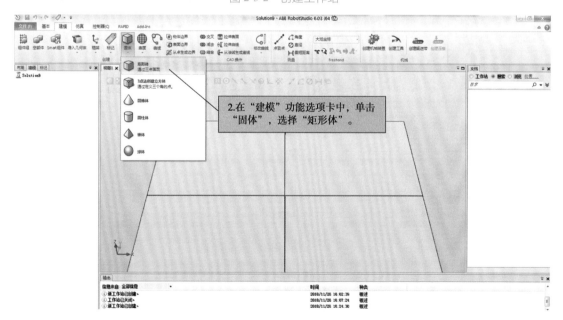

图 2-3-3　创建滑台模型

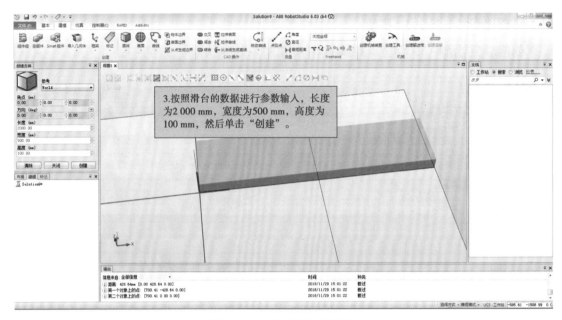

图 2-3-4 滑台模型参数设置

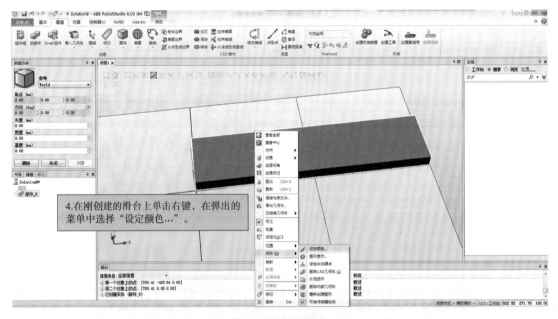

图 2-3-5 滑台模型颜色设定

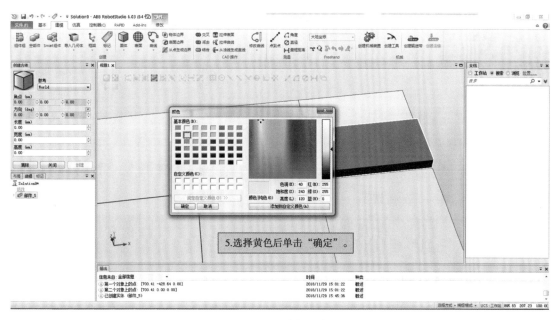

图 2-3-6 选择颜色

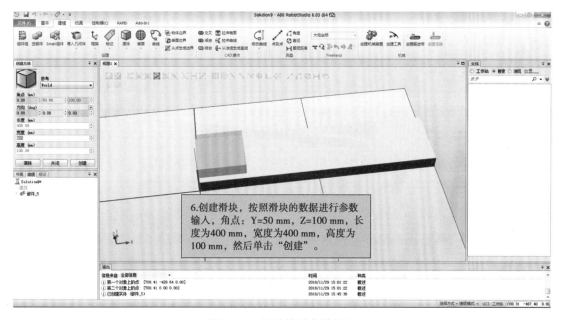

图 2-3-7 滑块模型参数设定

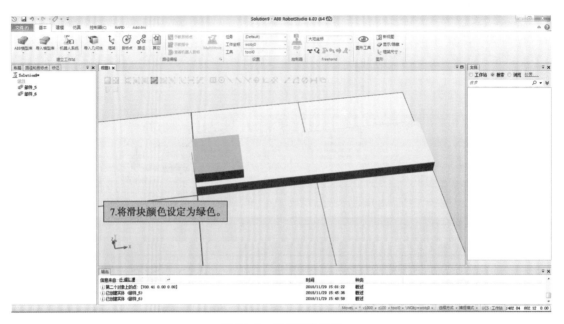

图 2-3-8　滑块颜色设定

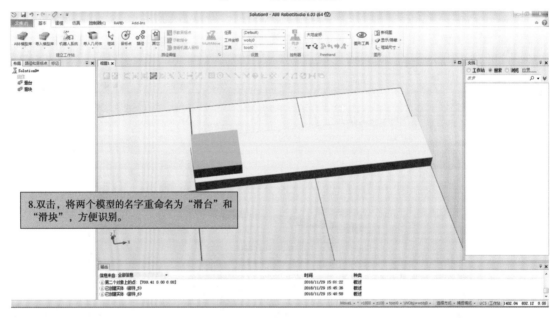

图 2-3-9　创建模型的重命名

　　为了提高与各种版本 RobotStudio 的兼容性,建议在 RobotStudio 中做任何保存操作时,保存的路径和文件名称最好使用英文字符。如果只用于本地,文件名称也可以使用中文,以方便识别。

2)机械装置链接设定

　　机械装置链接设定如图 2-3-10 至图 2-3-12 所示。

图 2-3-10 链接设定

图 2-3-11 链接参数设置界面 1

图 2-3-12　链接参数设置界面 2

3)机械装置接点设置

机械装置接点设置如图 2-3-13 至图 2-3-16 所示。

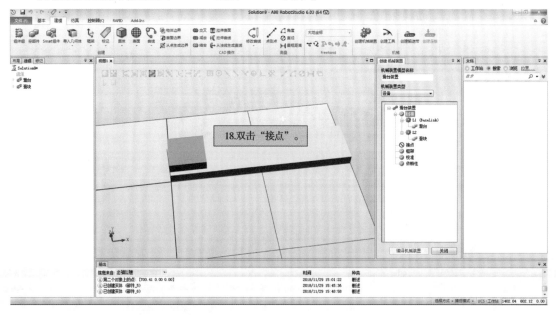

图 2-3-13　接点设置

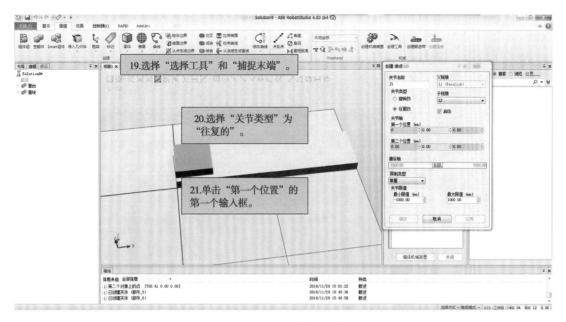

图 2-3-14　接点参数设置

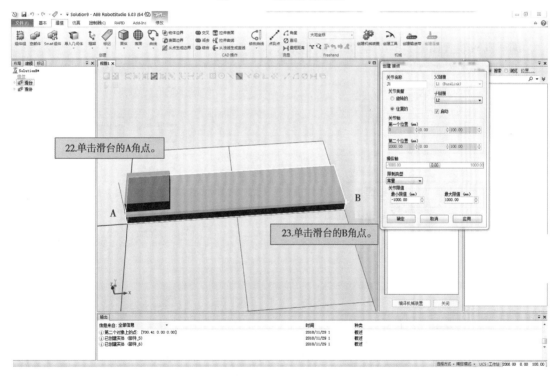

图 2-3-15　操纵轴范围

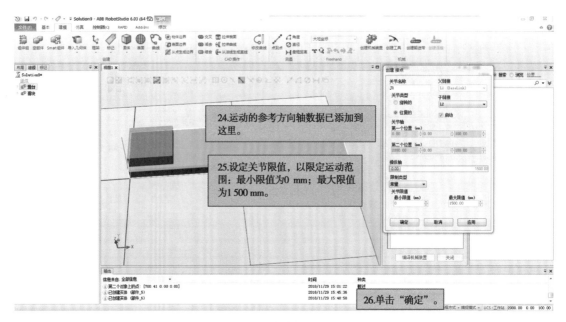

图 2-3-16　完成操纵轴设置

4）编译机械装置

编译机械装置如图 2-3-17 至图 2-3-21 所示。

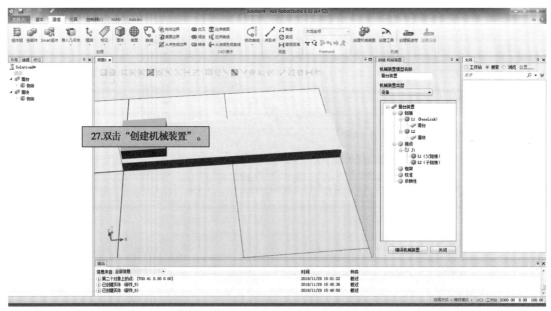

图 2-3-17　进入"机械装置编译"操作

图 2-3-18 "编译机械装置"参数设定

图 2-3-19 关节值设定

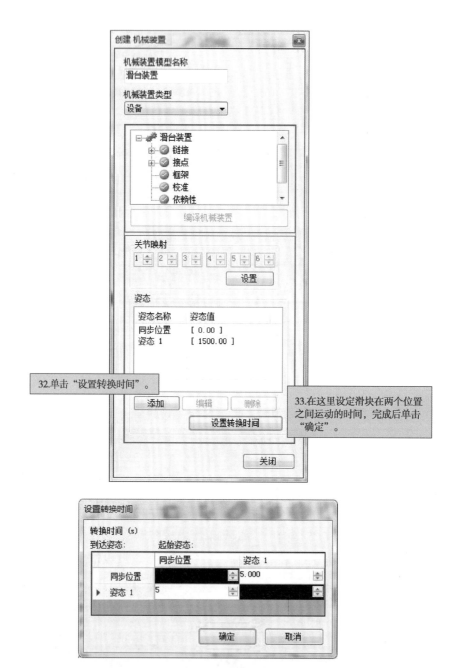

图 2-3-20 设置转换时间

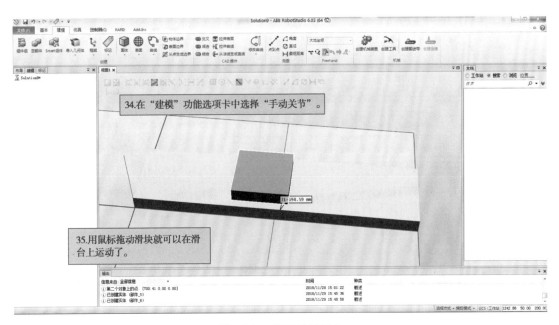

图 2-3-21　滑动效果操作

5）完成机械装置创建并保存

完成机械装置创建并保存如图 2-3-22、图 2-3-23 所示。

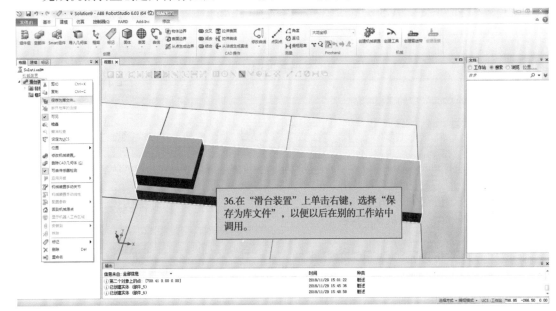

图 2-3-22　保存滑台装置模型

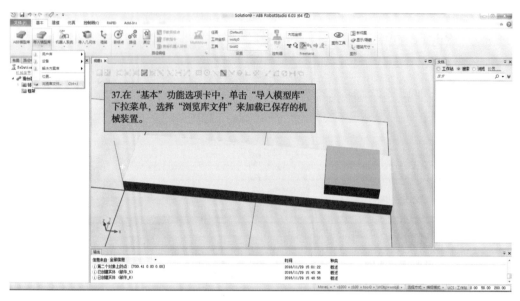

图 2-3-23　导入保存的机械装置

3　课后练习

①在创建机械装置过程中,哪些步骤容易出错或被忘记?
②请学生练习创建一个带圆珠的滑台机械装置,以加强建模实践操作能力。

4　教学质量检测

任务书 2-3-1

项目名称	RobotStudio 中的建模功能		任务名称	创建机械装置		
班级		姓名		学号		组别	
任务内容	单击打开 RobotStudio 软件中的建模功能,完成创建机械装置操作步骤的学习					
任务目标	1.能够创建滑台装置的 3D 模型 2.能够操作进行机械装置链接、接点、编译等选项的设置 3.能够在 RobotStudio 中创建机械装置		掌握情况		1.了解 2.熟悉 3.熟练掌握	
任务实施总结						
教师评价						

项目三

构建基本仿真工业机器人工作站

任务一　布局工业机器人基本工作站

1　任务描述

通过导入 ABB 机器人模型及加工对象等操作,学会合理布局工作站各对象的位置,最后完成基本仿真工业机器人工作站的创建准备工作。

2　技能训练

完成机器人工作站的布局如下所述。

基本的工业机器人工作站包含工业机器人及工作对象。因此,用户在 RobotStudio 仿真软件中建立一个工作站需要导入机器人模型以及建立加工对象模型。

1)导入机器人模型

导入机器人模型如图 3-1-1 至图 3-1-3 所示。

以实验实训室常见的 IRB120 机器人为模型导入工作站,进行机器人工作站的布局。

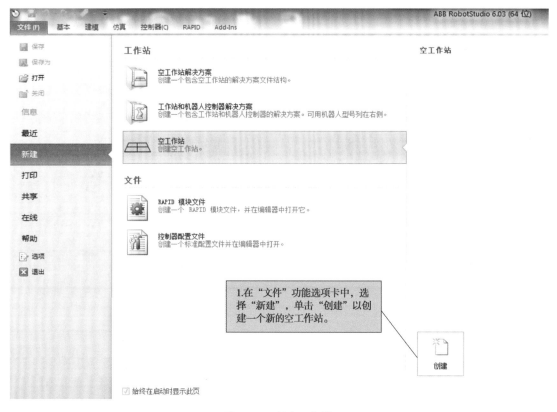

图 3-1-1 创建工作站

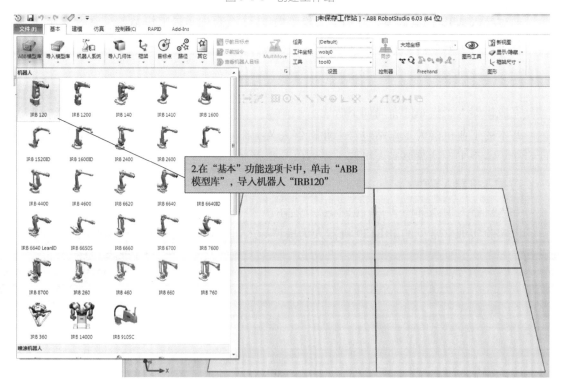

图 3-1-2 导入机器人模型 IRB120

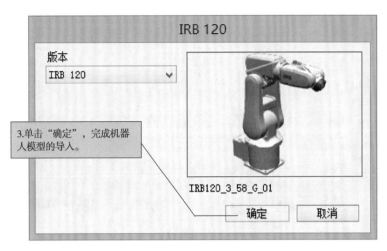

图 3-1-3 完成机器人模型的导入

在实际生产中,要根据生产任务选择不同的机器人型号、承重能力以及到达距离来确定,IRB120 机器人由于只有一个型号规格及承重能力,所以用户在导入的过程中直接选择默认的数据,单击"确定"即可,如图 3-1-4 所示。

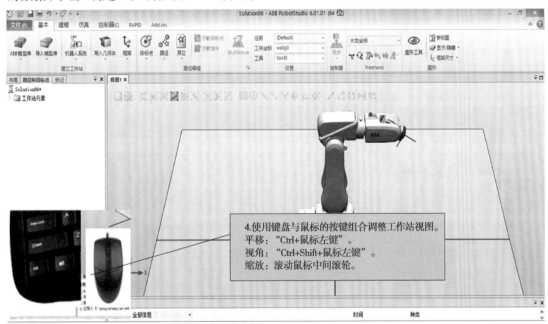

图 3-1-4 界面移动

2)加载机器人工具并安装

ABB RobotStudio 仿真软件本身包含大量的机器人模型以及加工工具等设备资源,用户可以根据需要进行导入,如图 3-1-5、图 3-1-6、图 3-1-7 所示。

工具在拖放到机器人上时会出现一个位置更新的菜单,用户单击"是"可对加载工具的位置进行更新,即将工具安装到了机器人的法兰盘上。安装好的工具如图 3-1-8 所示。

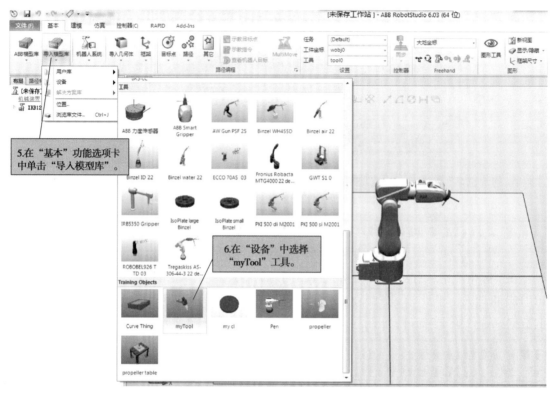

图 3-1-5　加载加工工具"myTool"

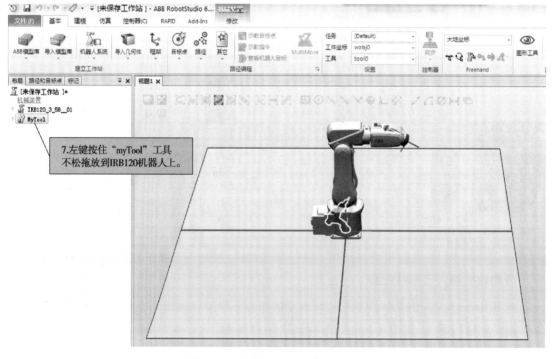

图 3-1-6　安装加工工具"myTool"

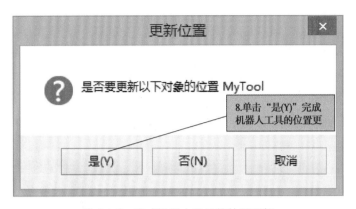

图 3-1-7 完成机器人工具的位置更新

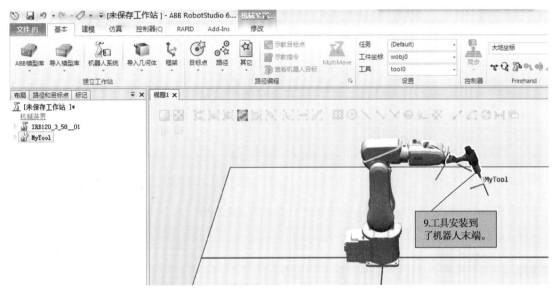

图 3-1-8 安装好的加工工具

拆除加工工具如图 3-1-9 所示。

3)创建加工模型并进行合理摆放

为了节约仿真模拟时间,用户可以自己创建体积与规格相同、加工对象相近的模块来替代,如图 3-1-10 所示。

建立的矩形模块 1 的角点为(400,-100,0):模块在 X 轴的正方向上,中心点位于 X 轴上。长、宽、高分别为 250 mm,200 mm,200 mm。

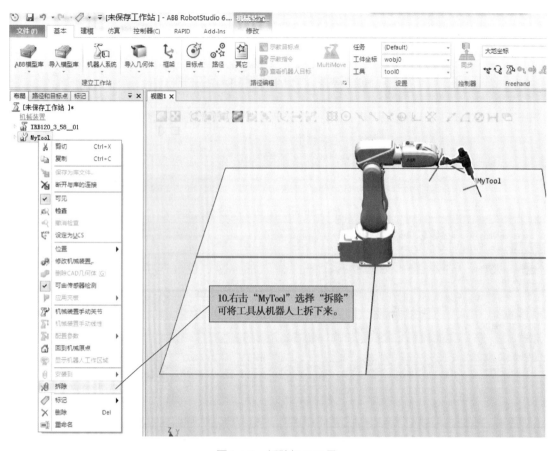

图 3-1-9 拆除加工工具

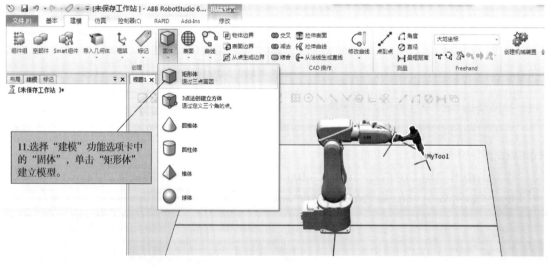

图 3-1-10 创建矩形模块 1

矩形模块相关参数设置如图 3-1-11 所示。

按图 3-1-12 所示参数设置再创建一个矩形模块 2,角点和方向以及长、宽、高可任意设置。用户创建的矩形模块 2 数据如下:角点(800,100,400),方向(0,30,40),长、宽、高(250,200,100)。

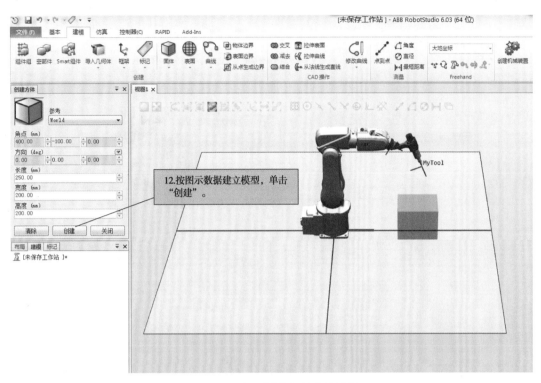

图 3-1-11　矩形模块相关参数设置

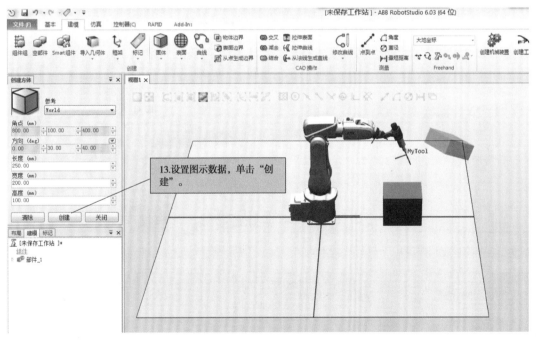

图 3-1-12　创建矩形模块 2

为了便于观察,用户可对模块 1 和模块 2 进行颜色设定,如图 3-1-13 所示。

显示机器人工作范围如图 3-1-14 所示。

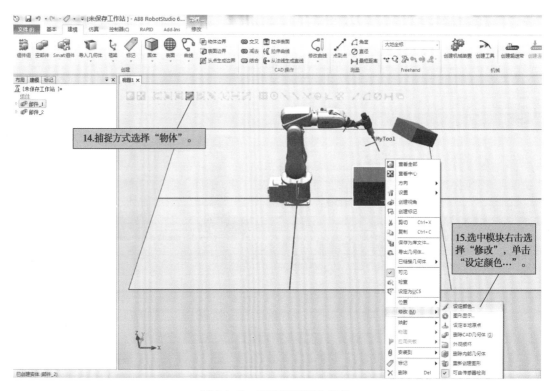

图 3-1-13　设定矩形模块颜色

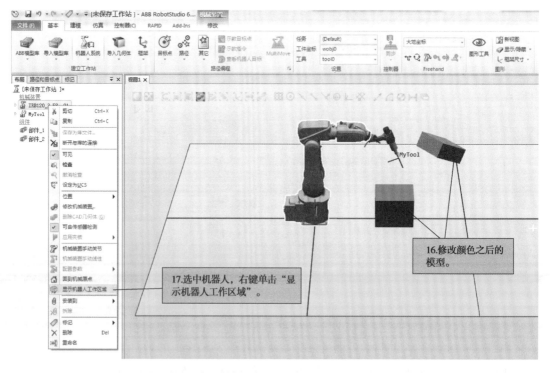

图 3-1-14　显示机器人工作范围

机器人工作范围如图 3-1-15 所示。

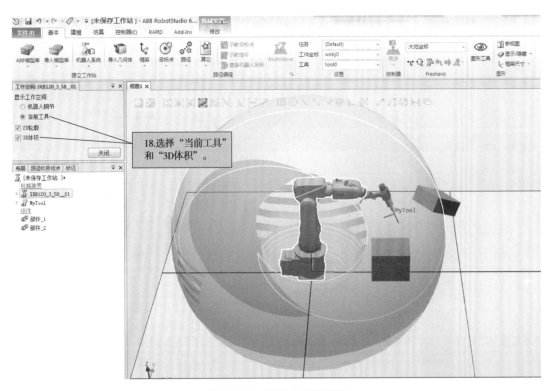

图 3-1-15　机器人工作范围

取消工作范围的显示如图 3-1-16 所示。

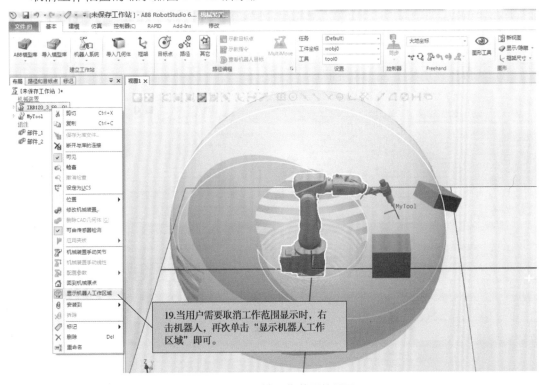

图 3-1-16　取消工作范围的显示

用户需要将模块 2 放置到模块 1 的上表面,放置方法选用"三点法",操作过程如图3-1-17所示。

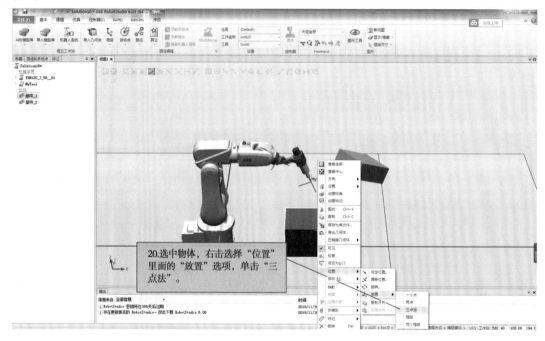

图 3-1-17　放置模块

在捕捉过程中,如果切换了视角或者放大缩小了视图,需要重新单击该点的数值然后再捕捉图形上的点。举例说明:图上第五点用户需要通过"Ctrl+Shift+左键"转换视角才能方便捕捉,当用户切换视角后需要在左边数据框第一个"Y 轴上的点"粉红色处单击光标,然后捕捉第五点。

三点法放置模块如图 3-1-18 所示。

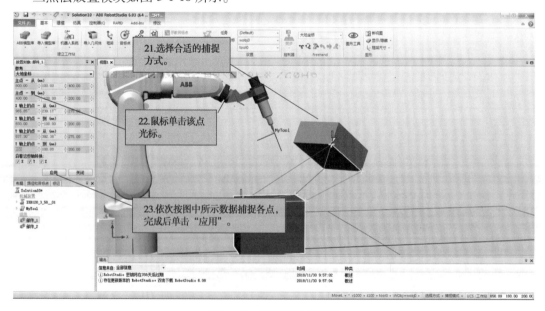

图 3-1-18　三点法放置模块

将模块 2 放置到模块 1 上表面,如图 3-1-19 所示。

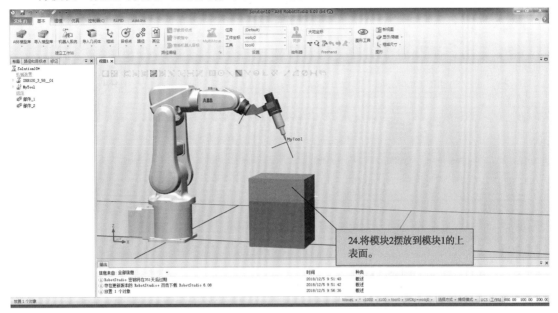

图 3-1-19 模块 2 放置到模块 1 上表面

3 课后练习

①工业机器人工作站包含哪些基本内容?

②操作过程中如何正确合理地摆放加工对象与机器人的相对位置?

③学生应能单独完成基本工作站中机器人模型的导入与工件的合理布置操作练习。

4 教学质量检测

任务书 3-1-1

项目名称	构建基本仿真工业机器人工作站		任务名称	布局工业机器人基本工作站	
班级		姓名	学号		组别	
任务内容	本任务主要学习在 RobotStudio 仿真软件中导入机器人模型、加工对象并进行位置的布局,完成工作站的创建工作				
任务目标	1.导入 IRB120 机器人模型 2.加载机器人工具并安装 3.创建加工对象模型并进行合理布局		掌握情况	1.了解 2.熟悉 3.熟练掌握	

续表

任务 实施 总结	
教师 评价	

任务二　生成机器人工作站系统并进行手动操纵

1　任务描述

在前任务一的基础上完成机器人工作站的系统生成,并在此基础上我们将学习机器人移动、旋转、手动关节、手动线性、重定位等仿真手动操作的相关内容。

2　技能训练

在 RobotStudio 仿真软件中生成机器人工作站系统并对机器人进行手动操纵。在任务一中我们已经完成了机器人模型、加工对象的创建及摆放的工作站,我们将进行机器人工作站系统的生成,并进行机器人的仿真手动操纵步骤,具体过程如下所述。

1)生成机器人系统

"从布局"生成机器人系统如图 3-2-1 所示。

修改机器人系统名称如图 3-2-2 所示。

选择机器人系统机械装置如图 3-2-3 所示。

完成机器人系统的生成如图 3-2-4 所示。

生成机器人系统后的视图界面如图 3-2-5 所示。

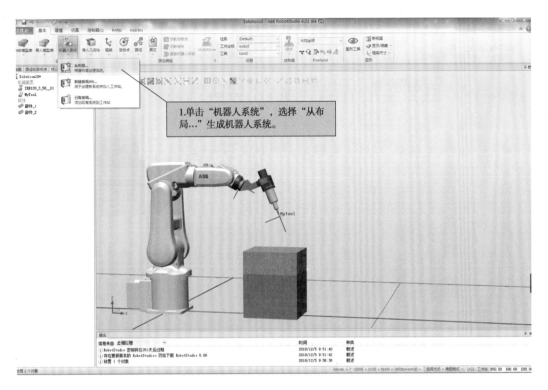

图 3-2-1 "从布局"生成机器人系统

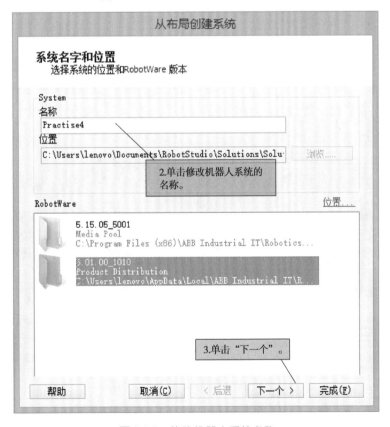

图 3-2-2 修改机器人系统名称

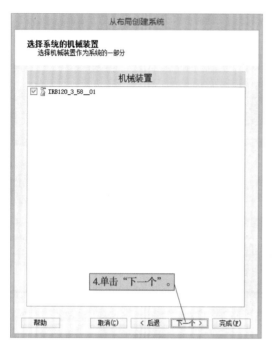

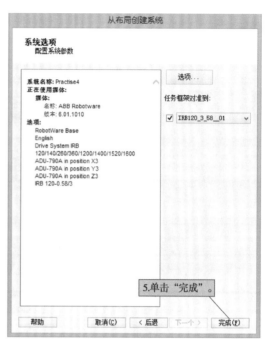

图 3-2-3　选择机器人系统机械装置　　　　图 3-2-4　完成机器人系统的生成

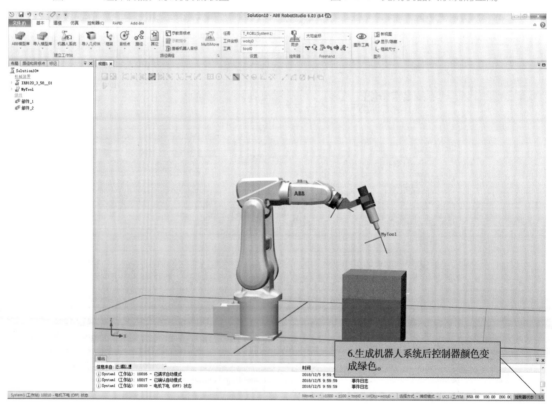

图 3-2-5　生成机器人系统后的视图界面

2)机器人的"移动"操作

移动机器人如图 3-2-6 所示。

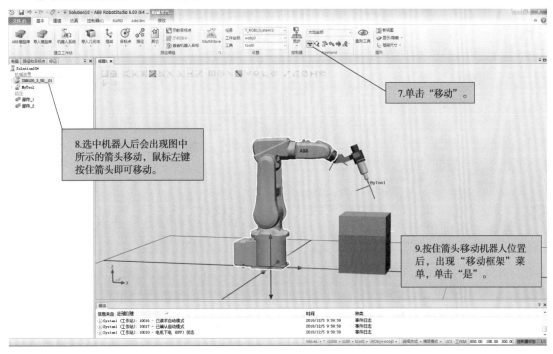

图 3-2-6 移动机器人

当用户在移动机器人之后,需要观察加工对象是否在加工范围之内,因此用户要移动机器人到合理位置,如图 3-2-7 所示。

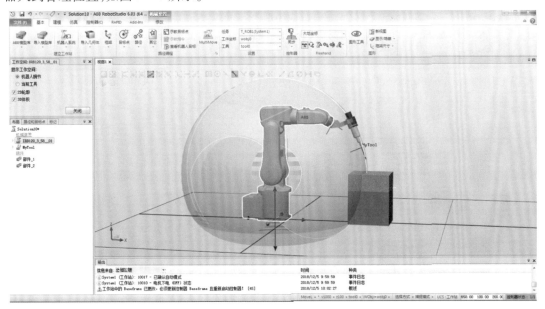

图 3-2-7 移动后的机器人位置

移动机器人到加工范围包含加工对象,如图 3-2-8 所示。

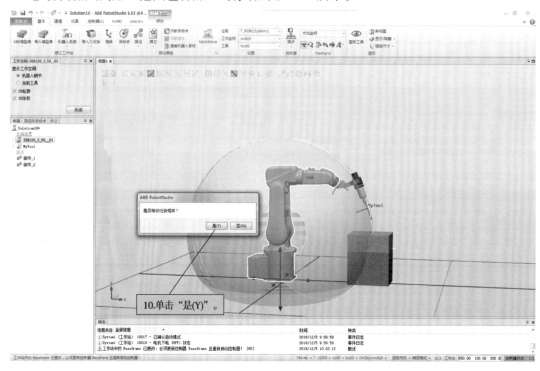

图 3-2-8　再次移动机器人

3)机器人的关节运动

机器人的关节运动,如图 3-2-9 所示。

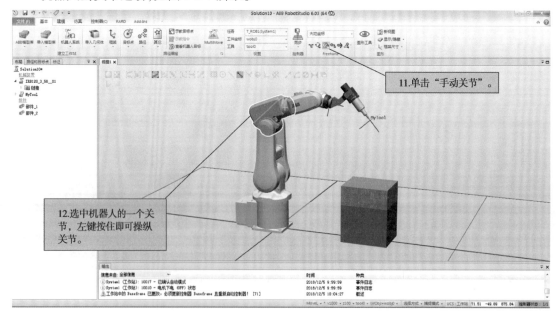

图 3-2-9　机器人的关节运动

4)机器人的"手动线性"运动

在进行机器人线性运动之前,用户首先需确认自己所选择的工具数据,如图 3-2-10 所示。

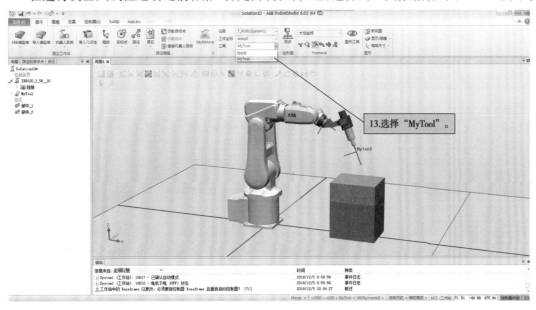

图 3-2-10　选择工具

拖动箭头移动加工工具,如图 3-2-12 所示。

5)机器人的重定位运动

同线性运动操作一样,单击"手动重定位",移动图示箭头可对机器人加工工具绕目前所在点做重定位运动,如图 3-2-13 所示。

加工工具的线性运动,如图 3-2-11 所示。

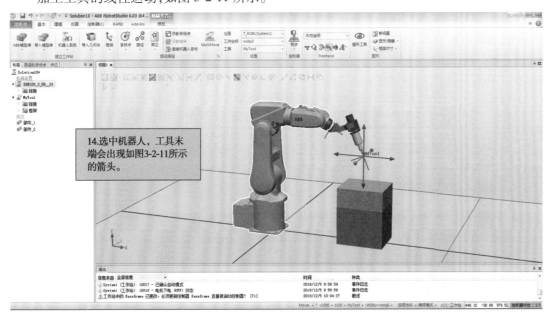

图 3-2-11　加工工具的线性运动

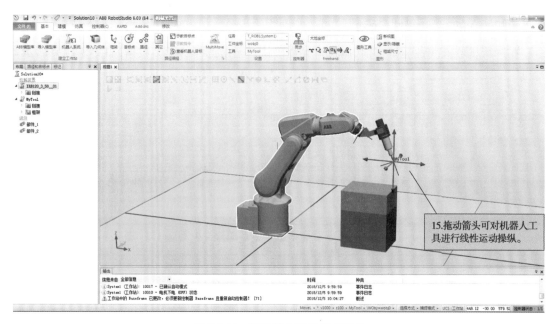

图 3-2-12　拖动箭头移动加工工具

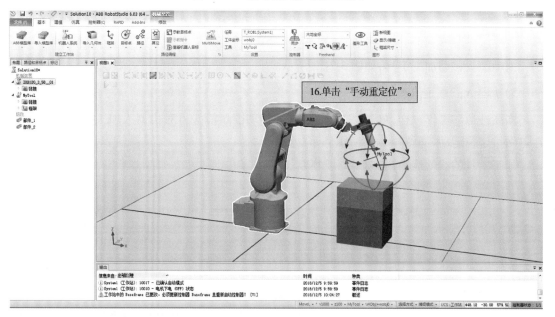

图 3-2-13　机器人系统的重定位运动

6）机器人的机械装置参数设置

机械装置手动关节如图 3-2-14 所示。

机械装置手动关节操作如图 3-2-15 所示。

机械装置手动线性如图 3-2-16 所示。

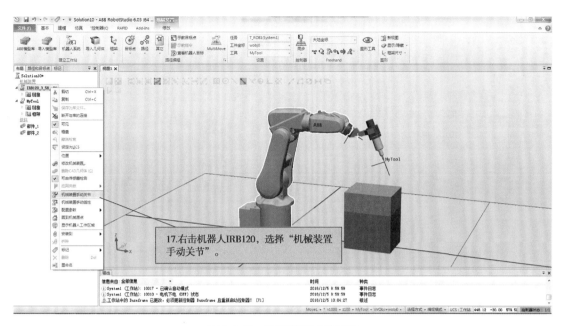

图 3-2-14　机械装置手动关节

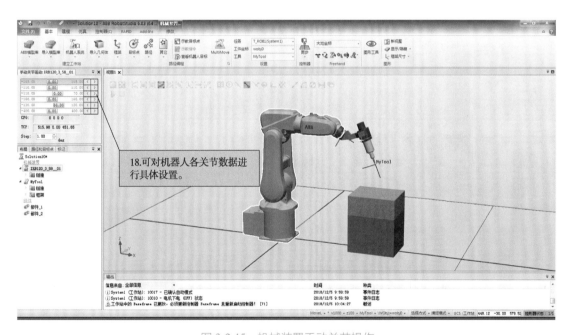

图 3-2-15　机械装置手动关节操作

机械装置手动线性操作如图 3-2-17 所示。

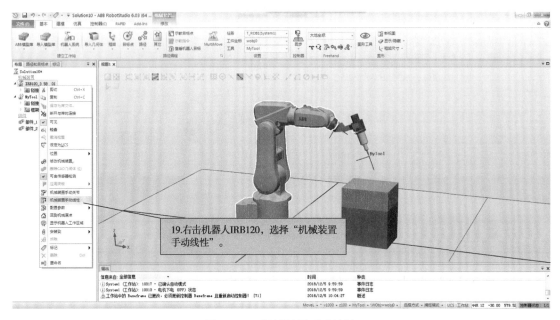

图 3-2-16　机械装置手动线性

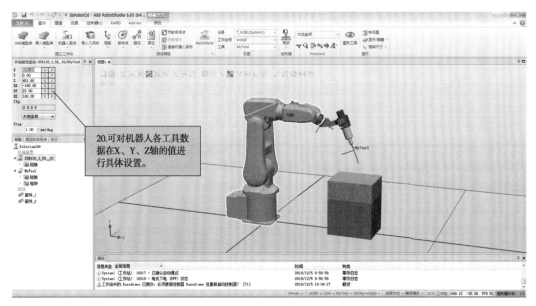

图 3-2-17　机械装置手动线性操作

　　当用户对机器人进行了各种关节运动、重定位运动以及线性运动之后,我们需要将机器人各轴的位置调回到最初的原始位置,可进行如图 3-2-18 所示操作。

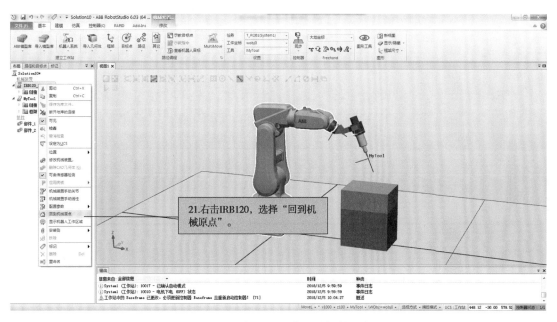

图 3-2-18　机器人系统回到机械原点

3　课后练习

①生成机器人系统有哪些选项要合理填写？

②手动操作机器人包括哪些运动？

③学生课后单独完成机器人系统生成以及手动操作的相关内容练习。

4　教学质量检测

任务书 3-2-1

项目 名称	构建基本仿真工业机器人工作站		任务 名称	机器人工作站系统的生成并进行手动 操纵	
班级		姓名	学号		组别	
任务 内容	本次任务的操作内容包括机器人工作站的系统生成、机器人的框架移动、旋转、手动关节、手动线性、重定位运动等仿真手动操作				
任务 目标	1.机器人的工作站系统生成 2.机器人的手动操作		掌握情况	1.了解 2.熟悉 3.熟练掌握	

续表

任务 实施 总结	
教师 评价	

任务三　创建运行轨迹程序并仿真运行

1　任务描述

在建立好的工业机器人工作站中通过创建工件坐标以及捕捉目标点创建示教指令,并创建一段运行轨迹,再通过参数配置以及同步到 RAPID 等操作完成轨迹的程序数据建立,在仿真功能选项卡中进行轨迹运行播放及视频录制。

2　技能训练

1)创建加工对象工件坐标

创建工件加工运行轨迹需要创建工件坐标,如图 3-3-1 所示。

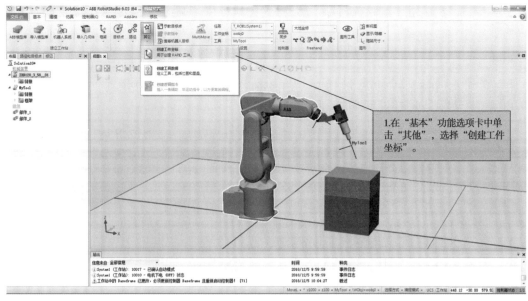

图 3-3-1　创建工件坐标

定义工件坐标名称如图 3-3-2 所示。

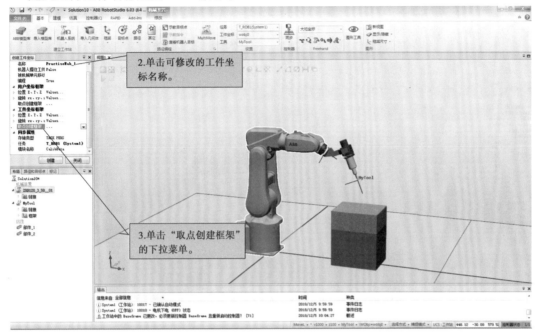

图 3-3-2　定义工件坐标名称

设置工件坐标参数如图 3-3-3 所示。

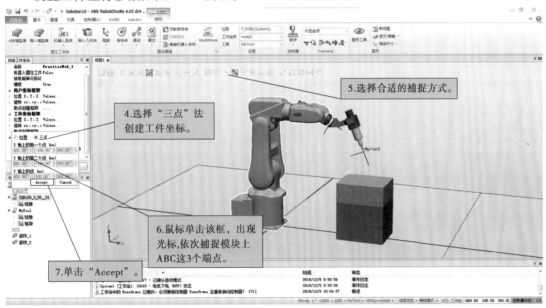

图 3-3-3　设置工件坐标参数

单击"创建"如图 3-3-4 所示。

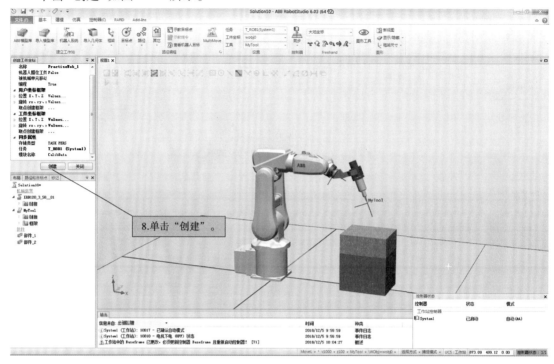

图 3-3-4 单击"创建"

创建好的工件坐标如图 3-3-5 所示。

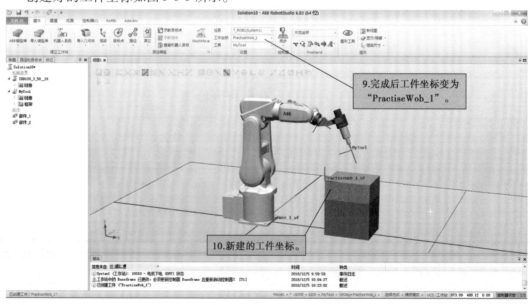

图 3-3-5 创建好的工件坐标

2) 生成轨迹运行路径

创建空路径如图 3-3-6 所示。

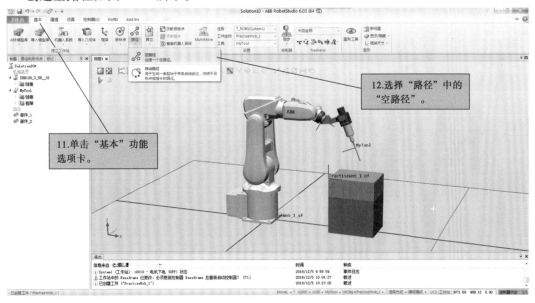

图 3-3-6 创建空路径

用户将机器人的工作原点设置为第一个示教指令起点，如图 3-3-7 所示。

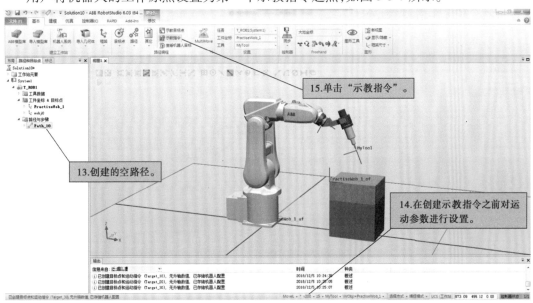

图 3-3-7 创建第一个示教指令

创建第二个示教指令如图 3-3-8 所示。

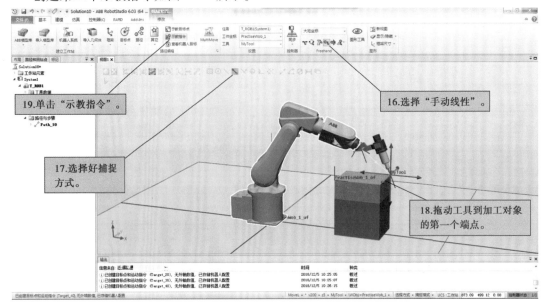

图 3-3-8　创建第二个示教指令

重复上述操作步骤,完成对第三个、第四个、第五个示教指令的创建,如图 3-3-9 至图 3-3-11 所示。

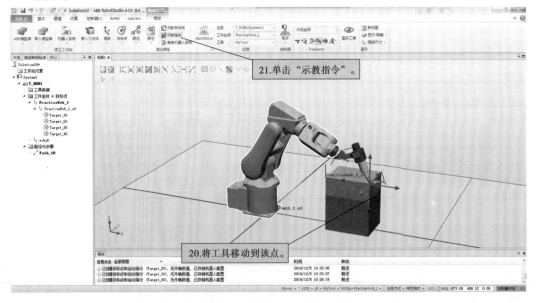

图 3-3-9　创建第三个示教指令

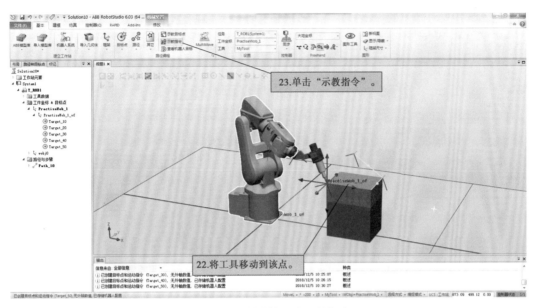

图 3-3-10　创建第四个示教指令

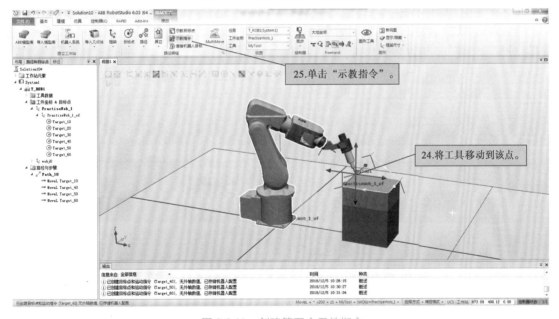

图 3-3-11　创建第五个示教指令

第六个示教指令与第二个示教指令是同一点,表示工具绕着加工对象边缘行走了一圈之后,回到工件的接近点,如图 3-3-12 所示。

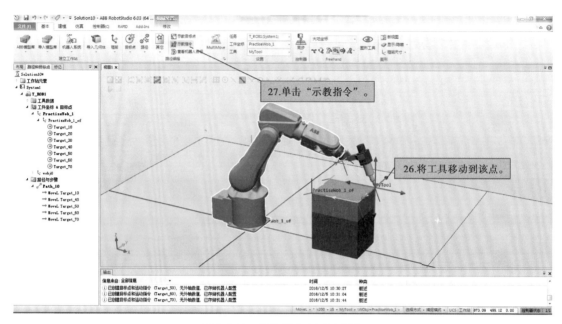

图 3-3-12　创建第六个示教指令

第七个示教指令为工具回到起始点,即机器人的机械原点,如图 3-3-13、图 3-3-14 所示。

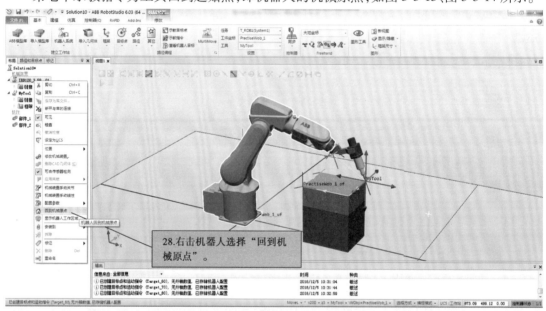

图 3-3-13　将机器人回到"机械原点"

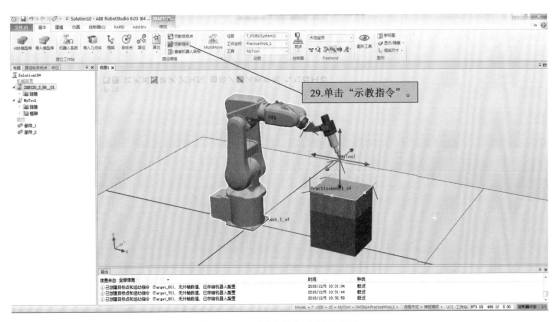

图 3-3-14　创建第七个示教指令

3）仿真设定及播放

仿真设定及播放如图 3-3-15 至图 3-3-22 所示。

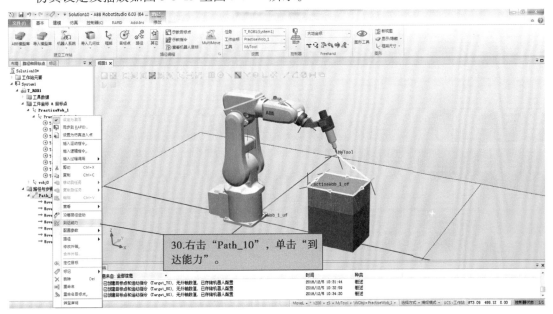

图 3-3-15　检查机械装置的到达能力

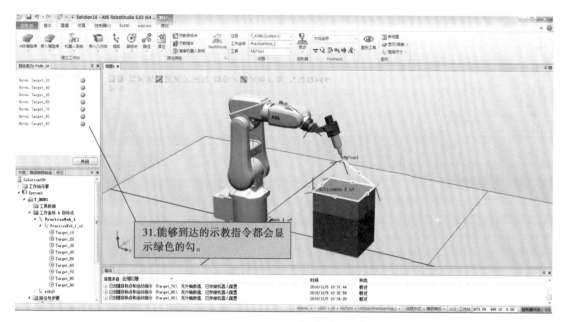

图 3-3-16　显示各示教指令的到达能力

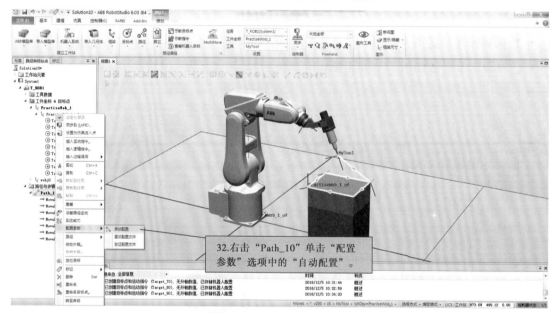

图 3-3-17　运行轨迹参数的配置

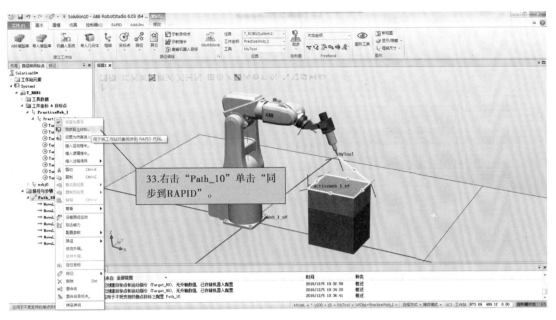

图 3-3-18 同步到 RAPID 程序

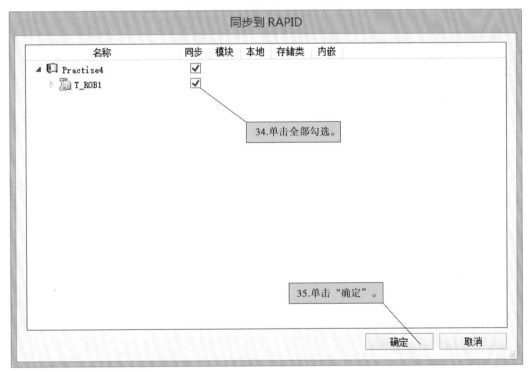

图 3-3-19 同步设置

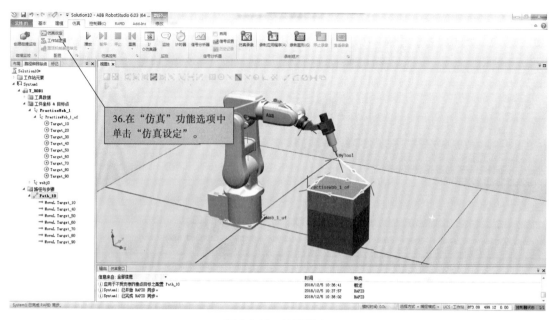

图 3-3-20　仿真设定

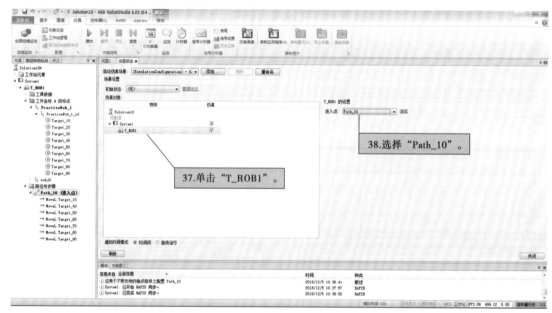

图 3-3-21　仿真程序的选择

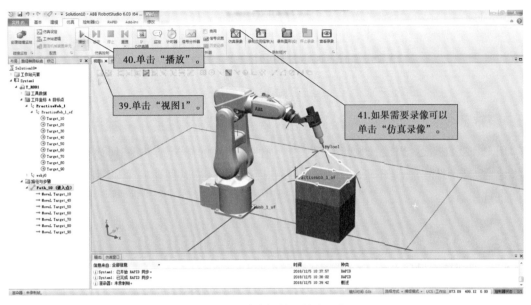

图 3-3-22　仿真播放及仿真录像

3　课后练习

①如何在工件上选择合适的点创建工件坐标？
②如何检测创建的运行轨迹程序是否正确？
③学生通过示教指令独立完成轨迹程序的创建与运行操作练习。

4　教学质量检测

任务书 3-3-1

项目 名称	构建基本工业机器人仿真工作站		任务 名称	创建运行轨迹程序并仿真运行	
班级		姓名		学号		组别	
任务 内容	本次任务实施的主要内容包括工件坐标的创建、运行轨迹的生成以及仿真播放的实训操作步骤				
任务 目标	1.创建工件坐标 2.生成运行轨迹 3.仿真播放		掌握情况	1.了解 2.熟悉 3.熟练掌握	
任务 实施 总结					
教师 评价					

任务四　创建机器人用工具

1　任务描述

用户需要在搬运、焊接、切割等实践生产中使用特定的加工工具,如何让这些加工工具具有本地原点与工件坐标是本任务操作的主要内容。用户将以创建一个机器人用焊枪工具为实例进行任务练习。

2　技能训练

将焊枪设置为机器人用工具的操作步骤。

在构建工业机器人工作站时,机器人法兰盘末端会安装用户自定义的工具,用户希望的是用户工具能够像 RobotStudio 模型库中的工具一样,安装时能够自动安装到机器人法兰盘末端并保证坐标方向一致,并且能够在工具的末端自动生成工具坐标系,从而避免工具方面的仿真误差。在本任务中将学习如何将导入的 3D 工具模型创建成具有机器人工作站特性的工具(Tool)。

1)设定工具的本地原点

由于用户自定义的 3D 模型由不同的 3D 绘图软件绘制而成,并转换成特定的文件格式,在导入 RobotStudio 软件中时会出现图形特征丢失的情况,在 RobotStudio 中做图形处理时某些关键特征无法处理。但是在多数情况下都可以采用变向的方式来做出同样的处理效果,本任务中就特意选取了一个缺失图形特性的工具模型。在创建过程中用户会遇到类似的问题,下面将介绍针对此类问题的解决方法。

在图形处理过程中,为了避免工作站地面特征影响视线及捕捉,用户可先将地面设定为隐藏,设定工具本地原点的具体步骤如图 3-4-1 至图 3-4-16 所示。

回到"基本"功能选项卡,观察工具模型。

工具安装过程中的安装原理为:工具模型的本地坐标系与机器人法兰盘坐标系 Tool0 重合,工具末端的工具坐标系框架即作为机器人的工具坐标系,所以需要对此工具做两步图形处理。首先在工具法兰盘端创建本地坐标系框架,之后在工具末端创建工具坐标系框架。这样自建的工具就有了与系统库里默认的工具同样的属性。

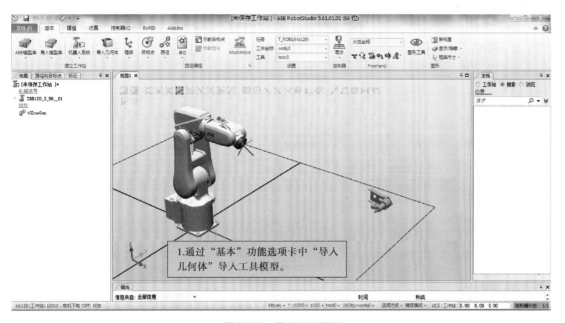

图 3-4-1 导入 3D 模型

图 3-4-2 "文件"选项功能

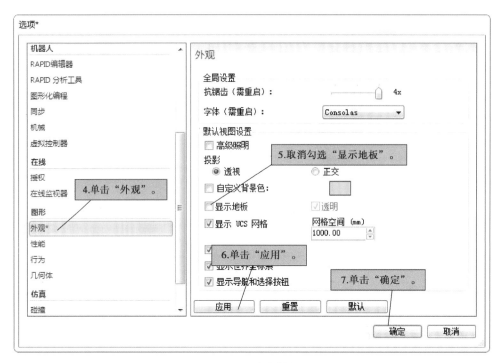

图 3-4-3 隐藏地板

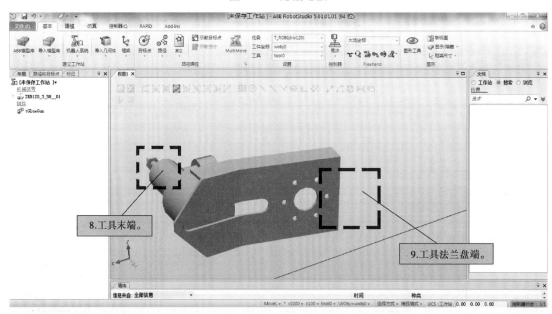

图 3-4-4 设定区域

首先设置工具模型的位置,使其法兰盘所在面与大地坐标系正交,以便于处理坐标系的方向。

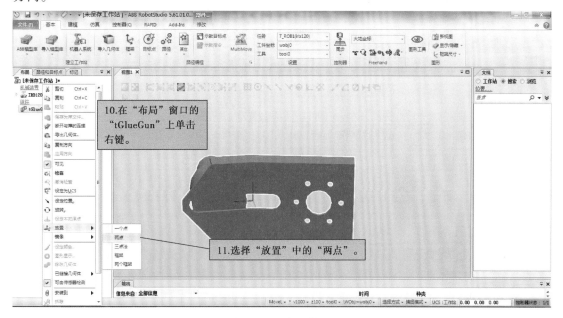

图 3-4-5　水平放置

将工具法兰盘所在平面的上边缘与工作站大地坐标系的 X 轴重合。

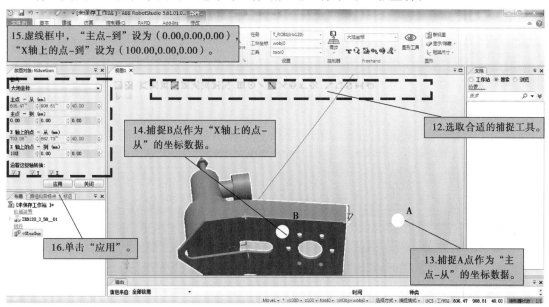

图 3-4-6　重合

之后,为了方便观察及处理,将机器人模型隐藏。

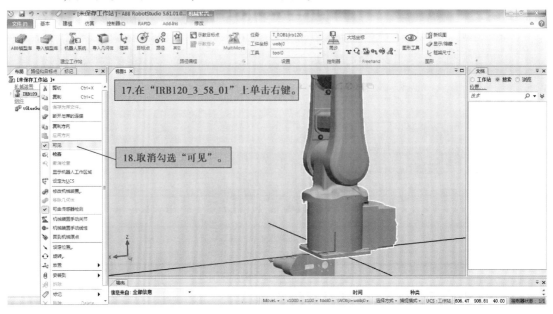

图 3-4-7　隐藏机器人模型

然后,需要将工具法兰盘圆孔中心作为该模型本地坐标系的原点,但是由于此模型特征丢失,导致无法用现有的捕捉工具捕捉到此中心点,所以应换一种方式进行。

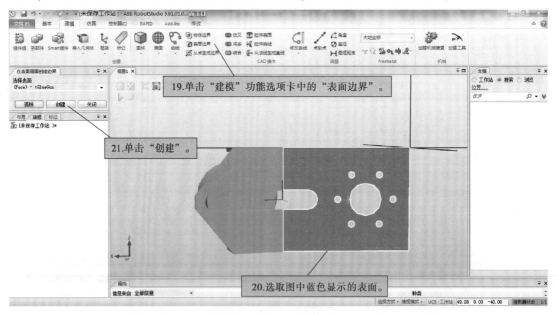

图 3-4-8　创建表面

虚线框中将所有数值设定为"0.00",即将工具模型移动至工作站大地坐标原点处。

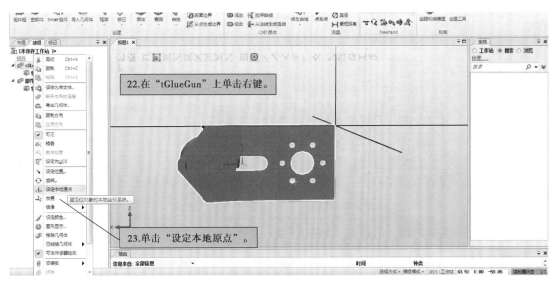

图 3-4-9　设定本地原点

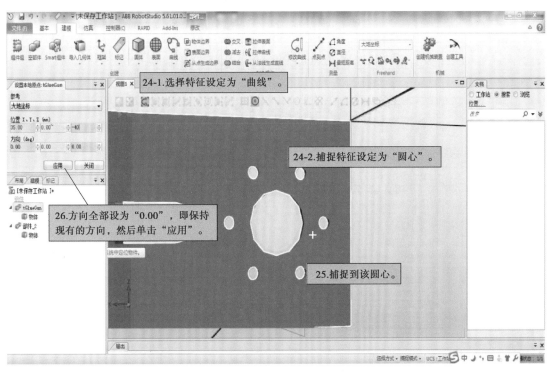

图 3-4-10　将工具坐标移到原点 1

此时,工具模型本地坐标系的原点已设定完成,但是本地坐标系的方向仍需进一步设定,这样才能保证当工具安装到机器人法兰盘末端时能够保证其工具姿态也是用户所想要的。对于设定工具本地坐标系的方向,在多数情况下可参考如下设定经验:工具法兰盘表面与大地水平面重合,工具末端位于大地坐标系 X 轴负方向。

接下来设定该工具模型本地坐标系的方向。

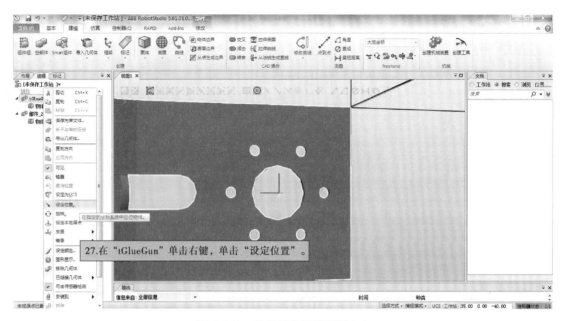

图 3-4-11　将工具坐标移到原点 2

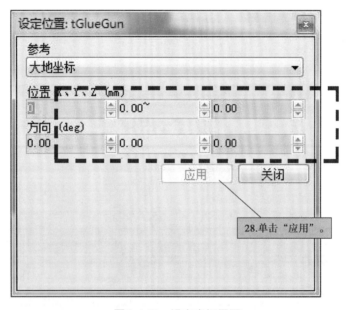

图 3-4-12　设定坐标界面

　　此时,大地坐标系的原点和方向与用户所想要的工具模型的本地原点方向正好重合,下面再来设定本地原点。

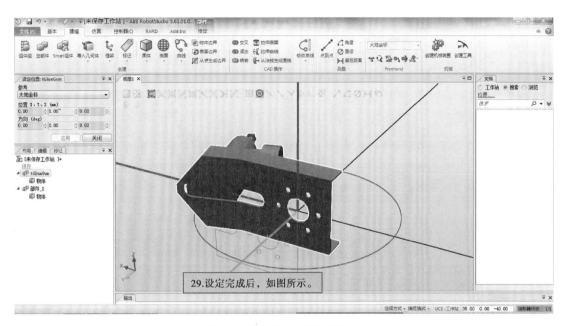

图 3-4-13　设定完成后的界面

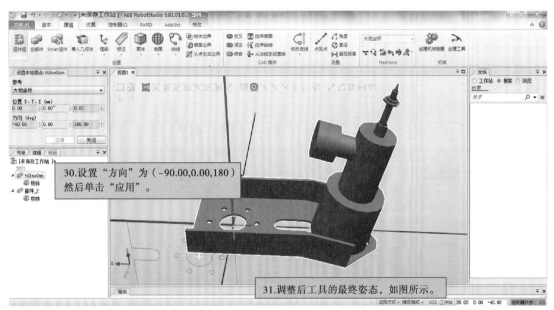

图 3-4-14　调整后的姿态

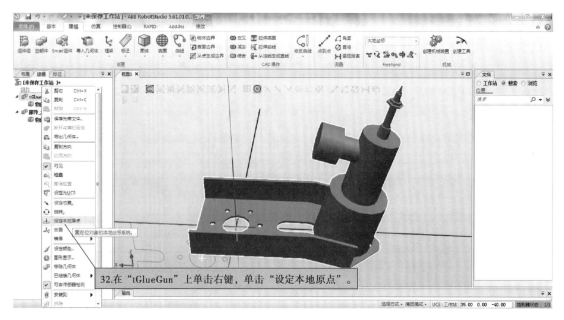

图 3-4-15　设定本地原点

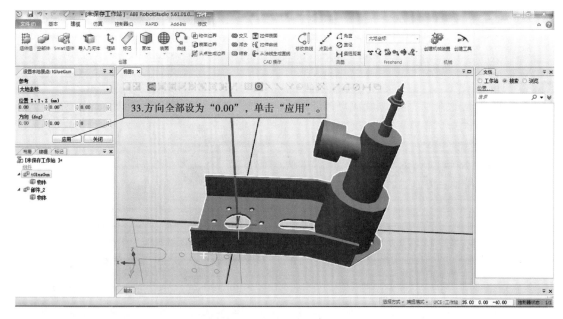

图 3-4-16　设置工件方向

在进行如此操作后,该工具模型的本地坐标系的原点以及坐标系方向就全部设定完成。

2)创建工具坐标系框架

需要在如图 3-4-17 所示虚线位置创建一个坐标系框架,在之后的操作中将此框架作为工具坐标系框架。

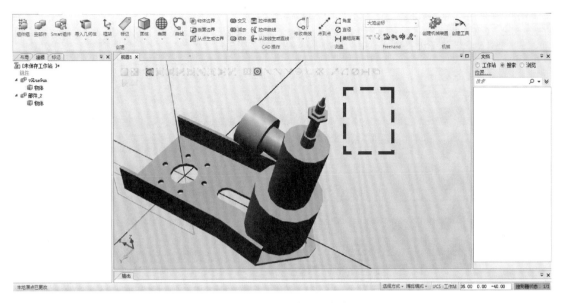

图 3-4-17　创建坐标系框架

　　由于创建坐标系框架时需要捕捉原点,而工具末端特征丢失,难以捕捉到,所以此处采用上一任务的方法进行,操作步骤如图 3-4-18 所示。

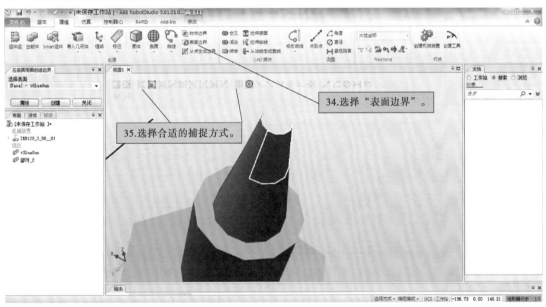

图 3-4-18　生成表面边界

　　生成的框架如图 3-4-20 所示,接着设定坐标系方向,一般期望的坐标系的 Z 轴是与工具末端表面垂直的。

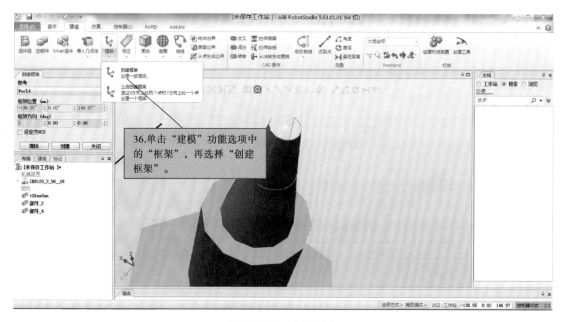

图 3-4-19　创建框架

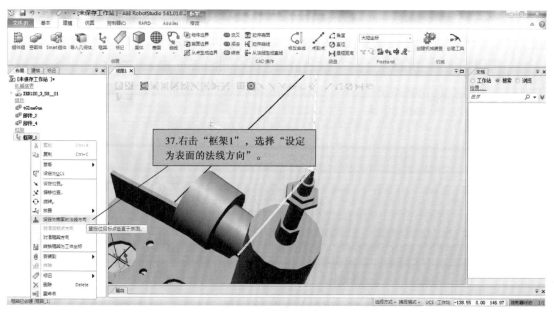

图 3-4-20　生成的框架

在 RobotStudio 中的坐标系,蓝色表示 Z 轴正方向,绿色表示 Y 轴正方向,红色表示 X 轴正方向。

由于该工具模型末端表面丢失,所以捕捉不到,但是可以选择图 3-4-21 中所示表面,因为此表面与期望捕捉的末端表面是平行关系。

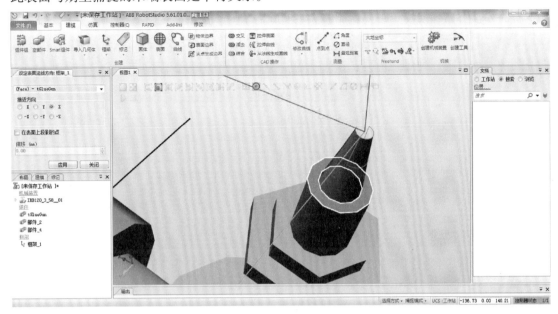

图 3-4-21　选择的表面

这样就完成了该框架 Z 轴方向的设定,至于其 X 轴和 Y 轴的朝向,一般按照经验设定,只要保证前面设定的模型本地坐标系是正确的,X、Y 轴采用默认的方向即可,创建的框架如图 3-4-22 所示。

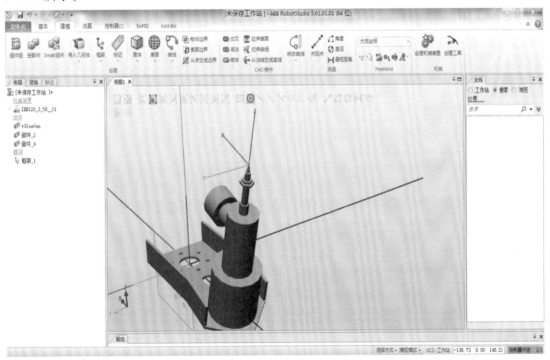

图 3-4-22　创建的框架

83

在实际应用过程中,工具坐标系原点一般与工具末端有一段间距,例如焊枪中的焊丝伸出的距离,或者激光切割枪、涂胶枪需与加工表面保持一定距离等。此处,只需将此框架沿着其本身的 Z 轴正向移动一定距离就能够满足实际需求。

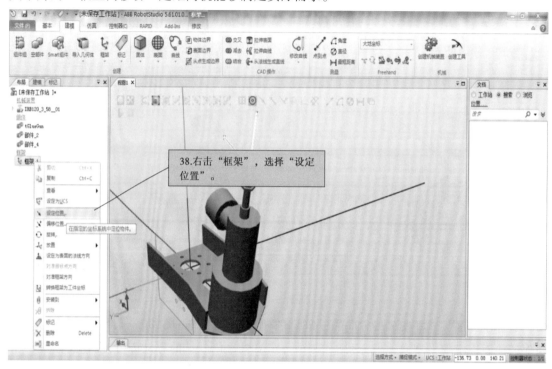

图 3-4-23　设定框架位置

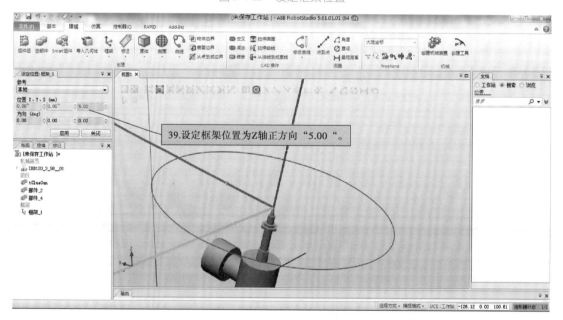

图 3-4-24　框架设定位置参数

设定完成后如图 3-4-25 所示,这样即完成了该框架的设定。

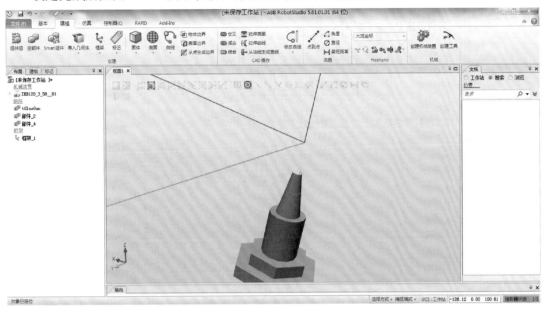

图 3-4-25　创建好的工具坐标框架

3)创建工具

创建工具步骤如图 3-4-26 至图 3-4-29 所示。

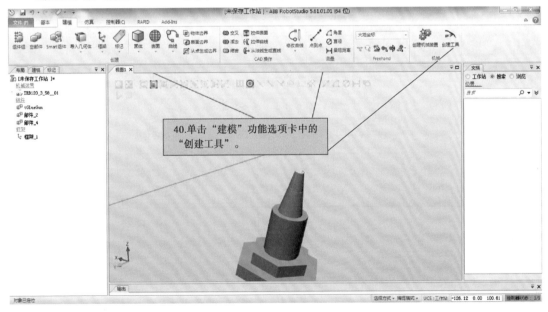

图 3-4-26　单击"创建工具"

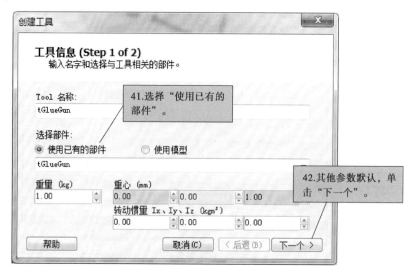

图 3-4-27　设置工具信息

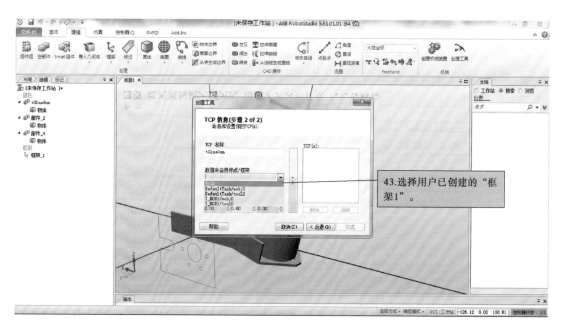

图 3-4-28　选择框架

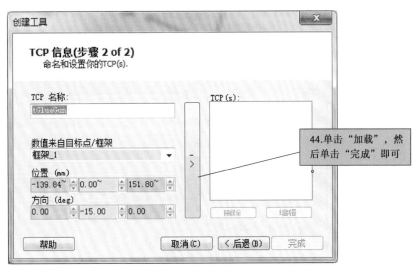

图 3-4-29　完成工具的创建

3　课后练习

①机器人工具的创建主要包含哪些内容?

②如何保证机器人创建工具与机器人末端法兰盘坐标一致?

③学生练习机器人用工具操作步骤,并独立完成工具的创建。

4　教学质量检测

任务书 3-4-1

项目 名称	构建基本工业机器人仿真工作站			任务 名称	创建机器人用工具		
班级		姓名		学号		组别	
任务 内容	本次任务学习的主要内容是将用户在仿真模拟过程中进场要用到的 3D 工具模型设置成为用户机器人系统里要用到的工具						
任务 目标	1.学会设定工具本地原点的操作 2.学会创建工件坐标系框架 3.3D 模型设置为机器人用工具			掌握情况	1.了解 2.熟悉 3.熟练掌握		
任务 实施 总结							
教师 评价							

项目四

机器人离线轨迹编程

任务一 创建机器人离线轨迹曲线及路径

1 任务描述

本次任务将根据用户需要加工物品的 3D 模型曲线特征,利用 RobotStudio 自动生成路径功能自动生成机器人加工运行轨迹及程序。

2 技能训练

加工运行轨迹的生成的操作步骤如下所述。

在工业机器人轨迹应用过程中,如切割、涂胶、焊接等,常需要处理一些不规则曲线,通常的做法是采用描点法,即根据工艺精度要求去示教相应数量的目标点,从而生成机器人的轨迹。此种方法费时、费力且不容易保证轨迹精度。图形化编程即根据 3D 模型的曲线特征自动转化成机器人的运行轨迹。此种方法省时、省力且容易保证轨迹精度。本次任务将根据用户需要加工物品的 3D 模型曲线特征,利用 RobotStudio 自动生成路径功能自动生成机器人加工运行轨迹及程序。

1)创建机器人加工工作站

根据切割加工内容以及前面章节所学习的内容创建仿真工作站,如图 4-1-1 所示。

①从 ABB 机器人模型库导入机器人。

②导入设备所需要的加工工具。

③"导入几何体"所要加工工件的 3D 模型。

④调整好工件的摆放位置,使工具能够合理到达加工的位置。

⑤选择所需要的参数,生成机器人系统,完成工作站的建立。

2)运行轨迹曲线的生成

用户需要对 3D 模型的边缘曲线轨迹进行选定,生成切割加工曲线,如下所述。

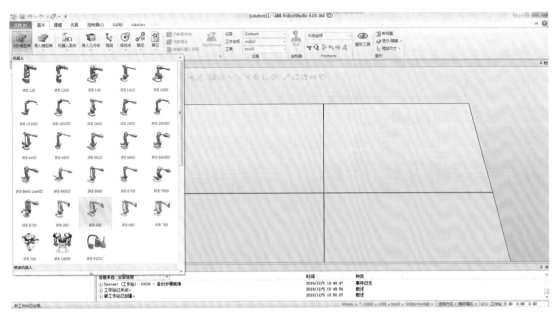

图 4-1-1　工作站的建立

①在"建模"功能选项卡中单击"表面边界",如图 4-1-2 所示。

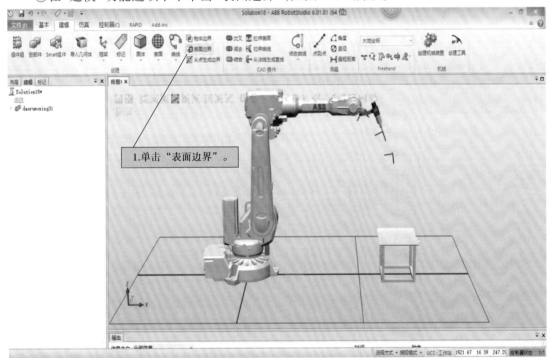

图 4-1-2　单击"表面边界"

②曲线所在面的选定根据图 4-1-3 描述内容进行操作。

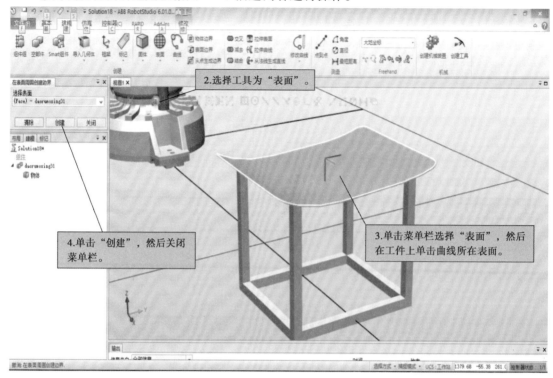

图 4-1-3　曲线所在面的选定

③完成曲线轮廓选择后，生成的曲线如图 4-1-4 的"部件_2"所示。

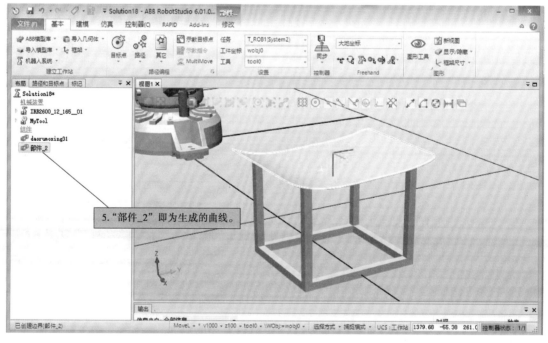

图 4-1-4　曲线的生成

3）生成机器人切割路径

根据用户在操作步骤一中完成的曲线生成进行 3D 运动轨迹的创建。在轨迹应用过程中，用户需要创建用户坐标系以方便进行编程及路径修改，用户创建如图 4-1-5 所示的用户坐标系。

①利用三点法创建用户工件坐标系。

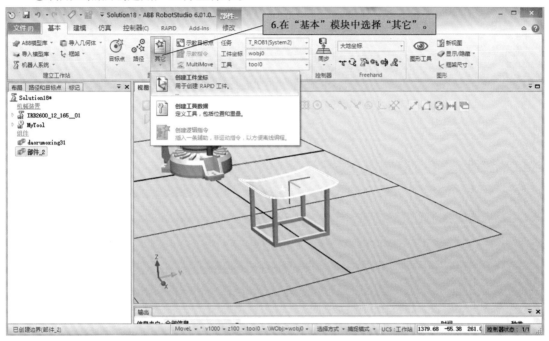

图 4-1-5　创建工件坐标

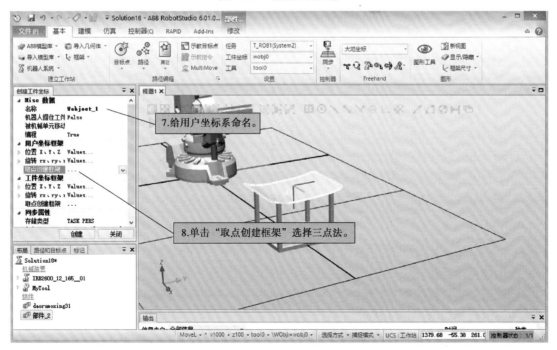

图 4-1-6　用户坐标框架菜单

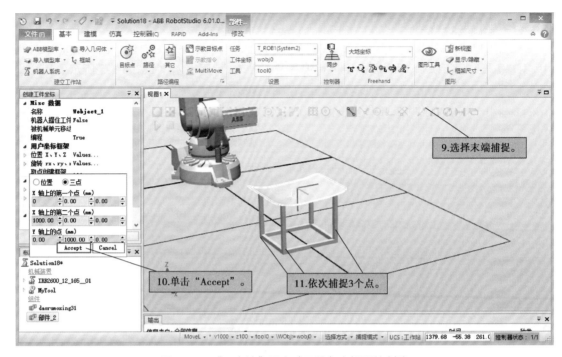

图 4-1-7　"三点法"用户（工件）坐标系的创建

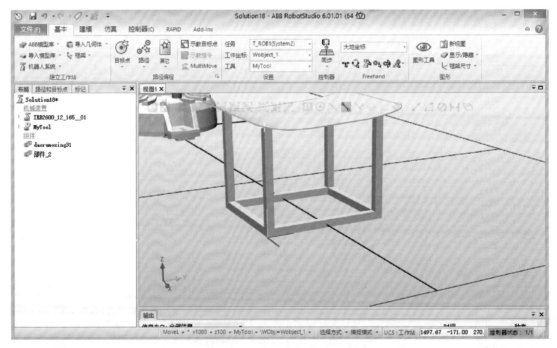

图 4-1-8　用户坐标系的建立

②创建自动路径

创建自动路径如图 4-1-9 所示。

曲线的捕捉如图 4-1-10 所示。

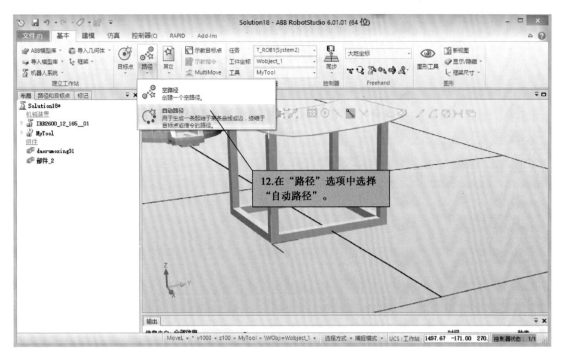

图 4-1-9　自动路径的创建

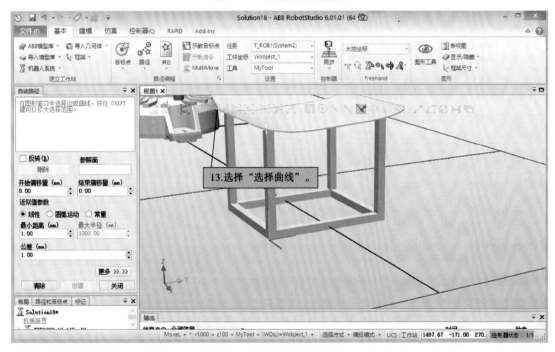

图 4-1-10　曲线的捕捉

捕捉路径曲线如图 4-1-11 所示。

自动路径参照面的选择如图 4-1-12 所示。

完成自动路径的创建，如图 4-1-13 所示。

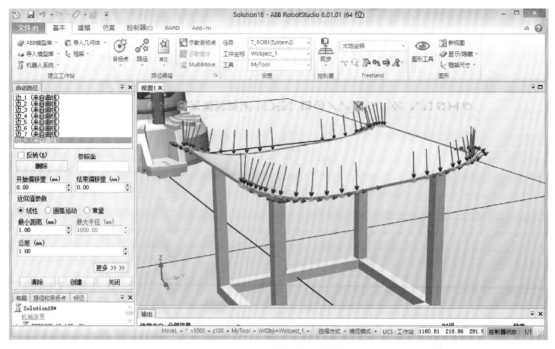

图 4-1-11 捕捉路径曲线

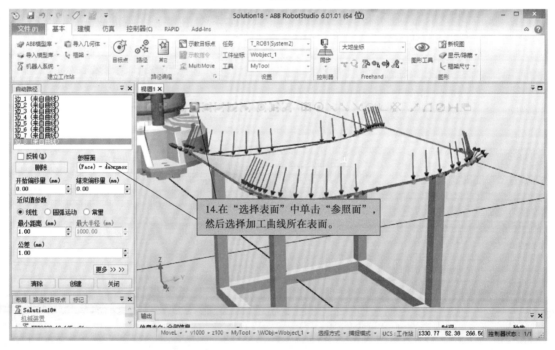

图 4-1-12 自动路径参照面的选择

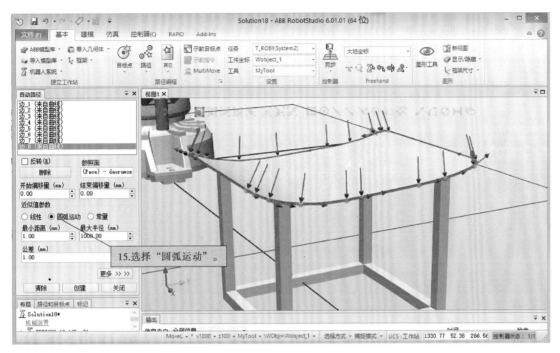

图 4-1-13 完成自动路径的创建

用途说明见表 4-1-1。

表 4-1-1

选 项	用途说明
线性	为每个目标生成线性指令,圆弧作为分段线性处理
圆弧运动	在圆弧特征处生成圆弧指令,在线性特征处生成线性指令
常量	生成具有恒定间隔距离的点

生成的加工路径 Path_10 如图 4-1-14 所示。

3 课后练习

①如何捕捉用户所需要的加工路径的轨迹?
②多练习曲线轨迹路径的生成操作步骤。

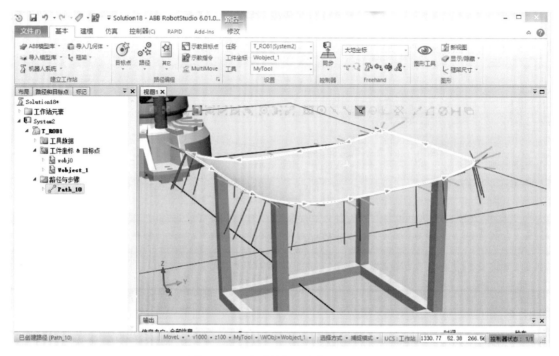

图 4-1-14　生成的加工路径 Path_10

4　教学质量检测

任务书 4-1-1

项目名称	机器人离线轨迹编程		任务名称	创建机器人离线轨迹曲线及路径	
班级		姓名		学号	组别
任务内容	本次任务以导入的 3D 图形为加工对象,通过创建表面曲线,捕捉曲线生成机器人加工路径从而完成对机器人离线轨迹曲线创建操作过程的学习				
任务目标	1.创建机器人加工工作站 2.运行轨迹曲线的生成 3.生成机器人切割路径		掌握情况		1.了解 2.熟悉 3.熟练掌握
任务实施总结					
教师评价					

任务二 机器人目标点调整及仿真播放

1 任务描述

机器人到达目标点的工具坐标所存在的姿态可能有好几种,用户需要通过目标点的调整以及轴参数配置,让机器人平稳顺滑地到达目标点,完成轨迹路径的运行,以及程序的运行及仿真播放。

2 技能训练

目标点的姿态调整操作步骤和目标点的轴参数配置操作步骤如下所述。

机器人到达目标点,可能存在多种关节轴组合情况,即多种轴配置参数。需要为自动生成的目标点调整轴配置参数,用户通过下面的操作步骤完成参数的设置,如下所述。

1)机器人目标点调整

①展开工件目标点与程序运行路径,操作如图 4-2-1 所示。

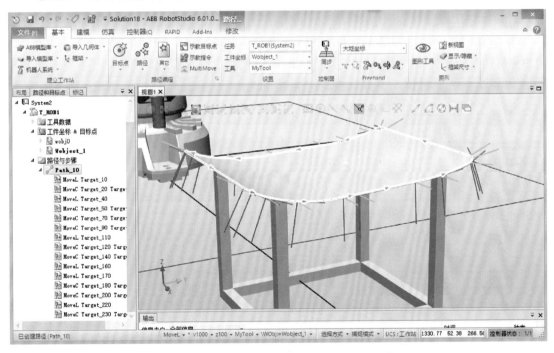

图 4-2-1 展开"工件坐标"与"路径与步骤"

②显示目标工具,如图 4-2-2 所示。

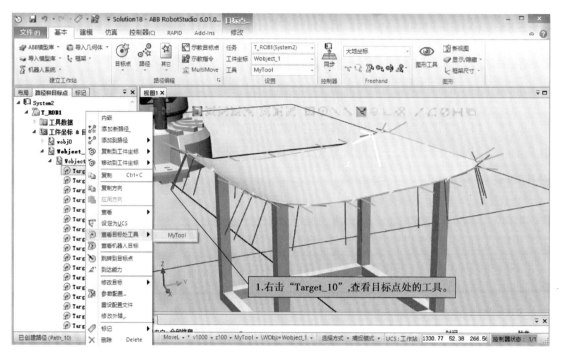

图 4-2-2 目标点处显示工具

③工具姿态显示如图 4-2-3 所示,观察并调整工具姿态,如图 4-2-4 所示的姿态不易接近,用户需旋转目标工具 90°,调整后的目标工具姿态如图 4-2-5 所示。

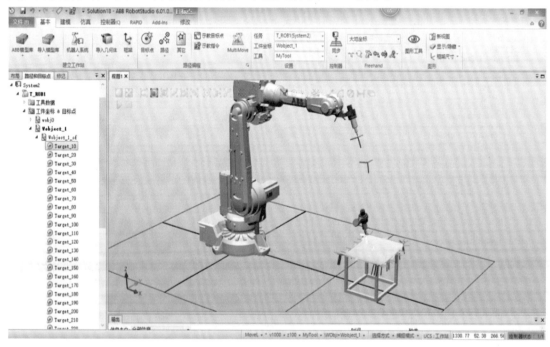

图 4-2-3 工具姿态显示

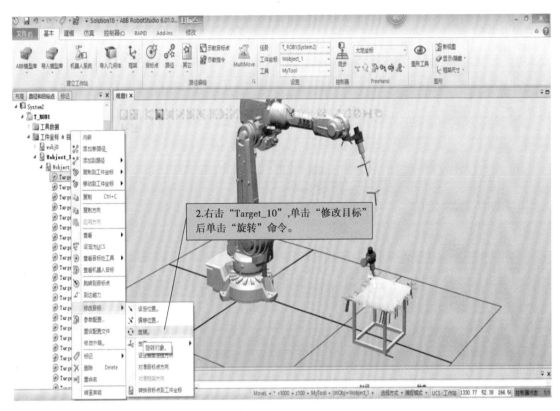

图 4-2-4　工具姿态调整操作

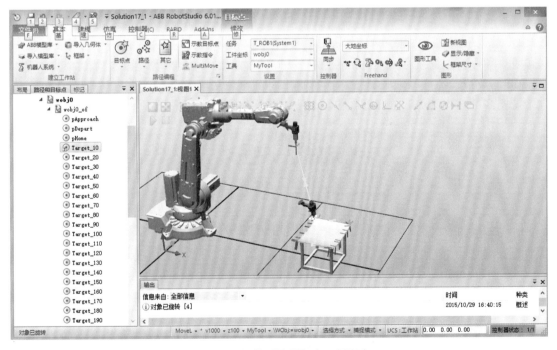

图 4-2-5　调整后的目标点工具姿态

批量修改目标工具姿态如图 4-2-6 所示。

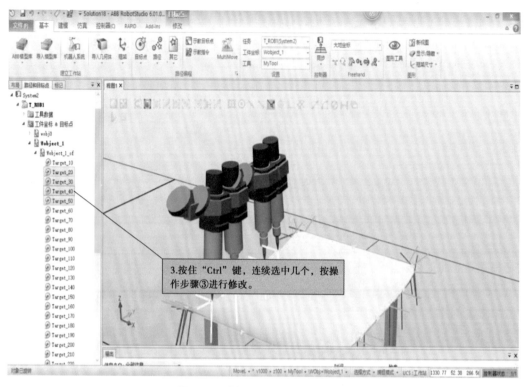

图 4-2-6　批量修改目标工具姿态

调整后的目标工具姿态如图 4-2-7 所示。

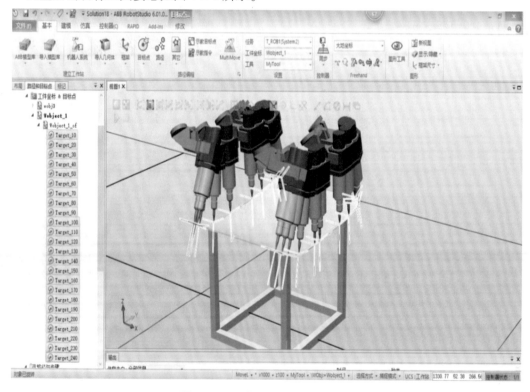

图 4-2-7　调整后的目标工具姿态

2）进行轴配置参数调整

如果目标工具能到达该点，则能够进行参数配置，如图 4-2-8 所示。

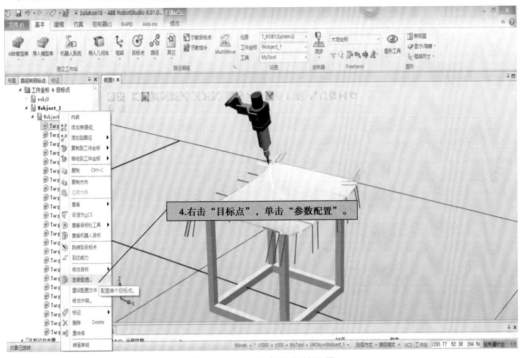

图 4-2-8　目标点的参数配置

参数配置选择如图 4-2-9 所示。

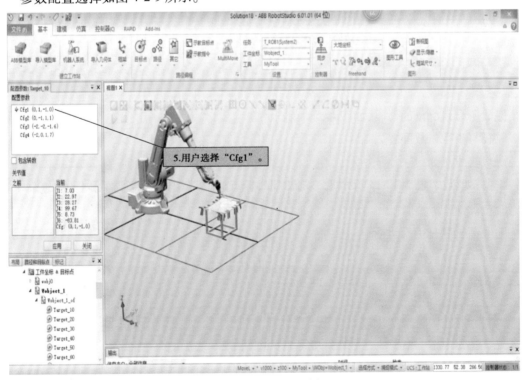

图 4-2-9　参数配置选择

说明:因为机器人的部分关节轴运动范围超过 360°,例如本任务中的机器人 IRB2600 关节轴 6 的运动范围为 -400°~+400°,即运动范围为 800°,则在同一个目标点位置,假如机器人关节轴 6 为 60°时可以到达。那么关节轴 6 处于 -300°时同样也可以到达。同学们可以单击 Cfg2、Cfg3、Cfg4 观察到达时机器人的姿态。

修改后的目标点如图 4-2-10 所示。

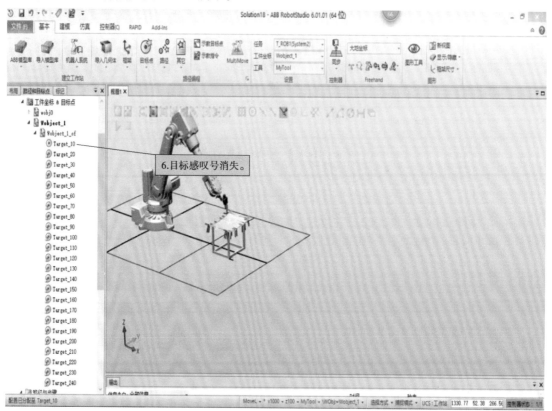

图 4-2-10   修改后的目标点

完成所有目标点的修改,如图 4-2-11 所示。

路径与步骤参数配置如图 4-2-12 所示。

跳转故障点如图 4-2-13 所示。

说明:如果出现图 4-2-13 所示无法跳转到目标点故障时,用户需要调整目标点的姿态,操作内容与步骤③一致。

3)完善程序并仿真运行

①轨迹完成后需要对程序进行完善。完善内容包括添加轨迹起始接近点、轨迹结束离开点以及安全位置 HOME 点,如图 4-2-14 所示。

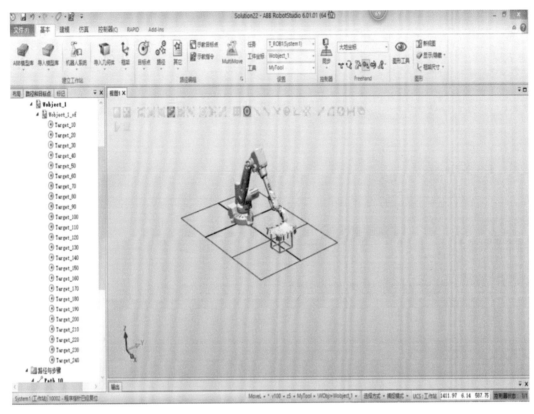

图 4-2-11 完成所有目标点的修改

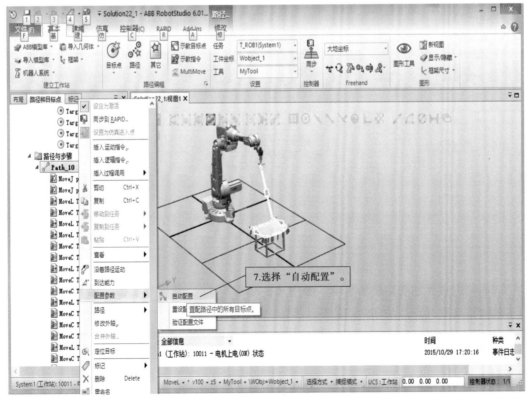

图 4-2-12 路径与步骤参数配置

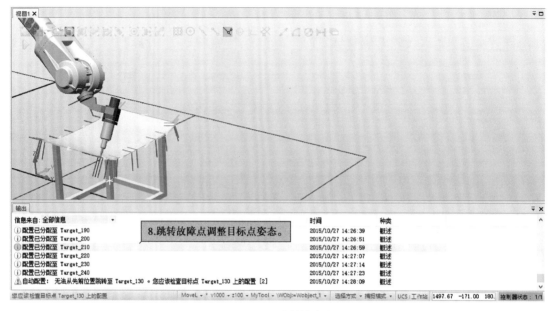

图 4-2-13　跳转故障点

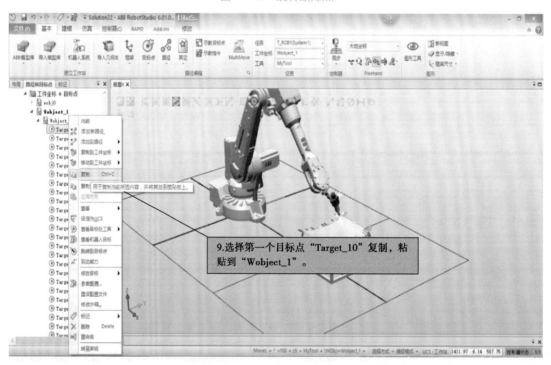

图 4-2-14　起始点的设置

起始接近点添加到路径如图 4-2-15 所示。

轨迹结束离开点添加到路径如图 4-2-16 所示。

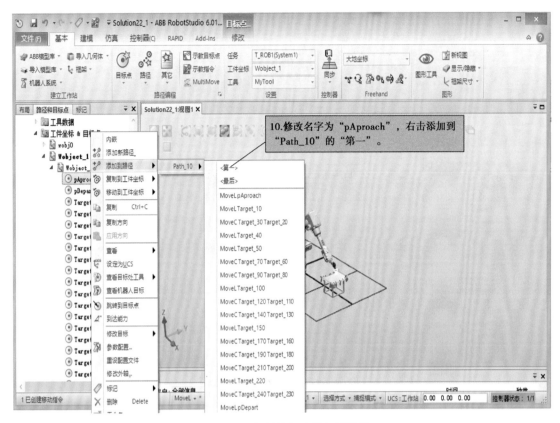

图 4-2-15 起始接近点添加到路径

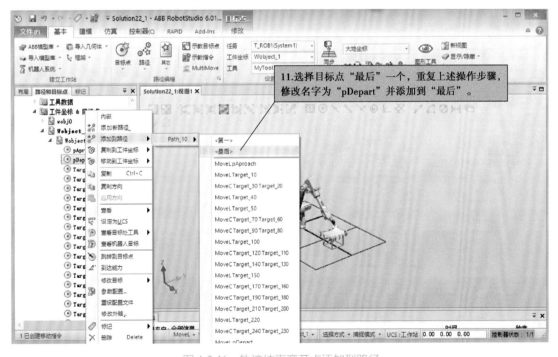

图 4-2-16 轨迹结束离开点添加到路径

HOME 点的设置如图 4-2-17 所示。

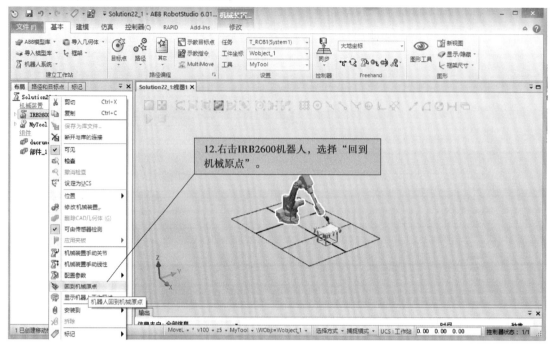

图 4-2-17　HOME 点的设置

说明:用户将默认原点作为机器人安全位置点(HOME 点),回到机械原点后选择"基本"选项中的"目标点"创建 HOME 点 pHome,与"pAproach""pDepart"点操作步骤一致,然后添加到"Path_10""第一"和"最后",如图 4-2-18 所示。

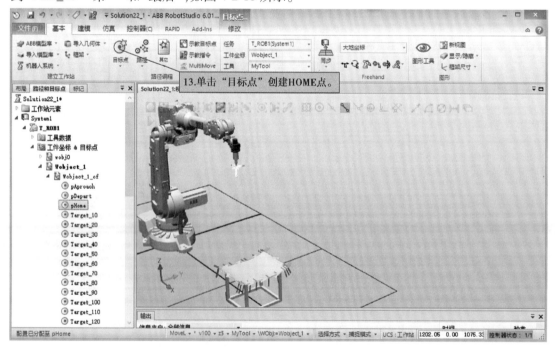

图 4-2-18　HOME 点的创建

HOME 点的添加如图 4-2-19 所示。

完成指令添加后的路径程序如图 4-2-20 所示。

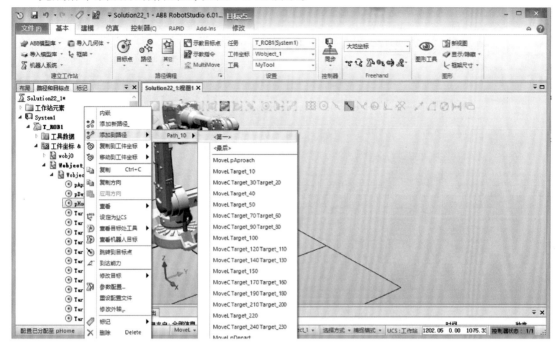

图 4-2-19　HOME 点的添加

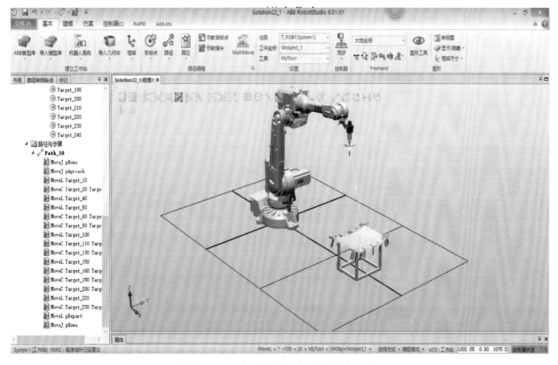

图 4-2-20　完成指令添加后的路径程序

②修改程序指令,修改 HOME 点、轨迹起始处、轨迹结束处以及运动目标点的运动类型、速度、转弯半径等参数(注:运动目标点可在建立工件坐标系时整体修改),如图 4-2-21 所示。

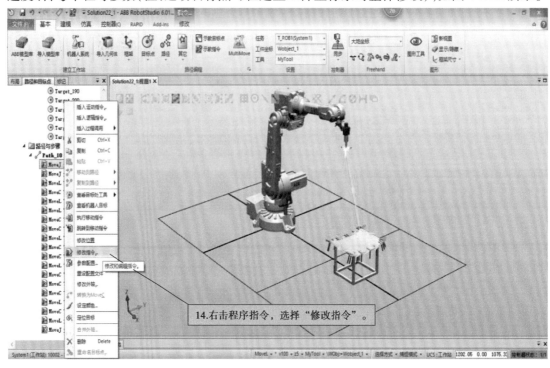

图 4-2-21　指令修改

参数设定如图 4-2-22 所示。

图 4-2-22　参数设定

按照上述步骤更改轨迹起始处、轨迹结束处以及目标点的运动参数。指令修改完成后的程序指令如下：

MoveJ pHome, v300, z5, tool0 \WObj: = Wobj_0;

MoveJ pAproach, v100, z5, MyTool \WObj: = Wobject_1;

MoveL Target_10, v100, z5, MyTool \WObj: = Wobject_1;

MoveC Target_20, Target_30, v100, z5, MyTool \WObj: = Wobject_1;

MoveL Target_40, v100, z5, MyTool \WObj: = Wobject_1;

MoveL Target_50, v100, z5, MyTool \WObj: = Wobject_1;

MoveC Target_60, Target_70, v100, z5, MyTool \WObj: = Wobject_1;

MoveC Target_80, Target_90, v100, z5, MyTool \WObj: = Wobject_1;

MoveL Target_100, v100, z5, MyTool \WObj: = Wobject_1;

MoveC Target_110, Target_120, v100, z5, MyTool \WObj: = Wobject_1;

MoveC Target_130, Target_140, v100, z5, MyTool \WObj: = Wobject_1;

MoveL Target_150, v100, z5, MyTool \WObj: = Wobject_1;

MoveC Target_160, Target_170, v100, z5, MyTool \WObj: = Wobject_1;

MoveC Target_180, Target_190, v100, z5, MyTool \WObj: = Wobject_1;

MoveC Target_200, Target_210, v100, z5, MyTool \WObj: = Wobject_1;

MoveL Target_220, v100, z5, MyTool \WObj: = Wobject_1;

MoveC Target_230, Target_240, v100, fine, MyTool \WObj: = Wobject_1;

MoveL pDepart, v100, z20, MyTool \WObj: = Wobject_1;

MoveJ pHome, v100, fine, MyTool \WObj: = Wobj_0;

③仿真视频录制，如图 4-2-23 所示。

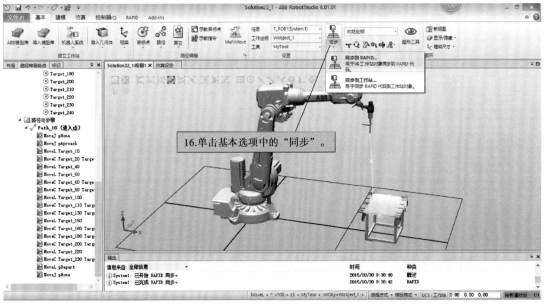

图 4-2-23　同步到 RAPID 程序

PAPID 程序设定如图 4-2-24 所示。

图 4-2-24　RAPID 程序设定

仿真设定如图 4-2-25 所示。

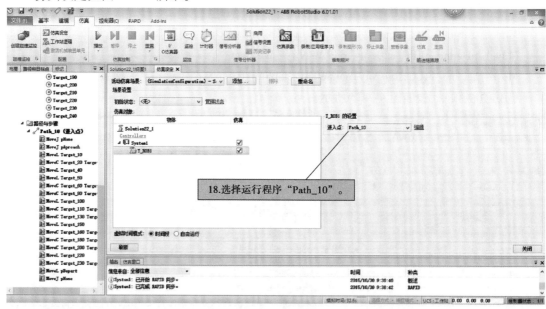

图 4-2-25　仿真设定

仿真程序运行播放如图 4-2-26 所示。

4)关于离线轨迹编程的关键点

在离线轨迹编程中,最为关键的 3 步是图形曲线、目标点调整、轴配置调整。现对这 3 个操作内容作一些内容补充。

①图形曲线:生成曲线的方法有"先创建曲线再生成轨迹"和"直接捕捉 3D 模型边缘轨迹创建"两种。在创建自动路径时,可直接用鼠标捕捉导入模型边缘,从而生成运行轨迹,如

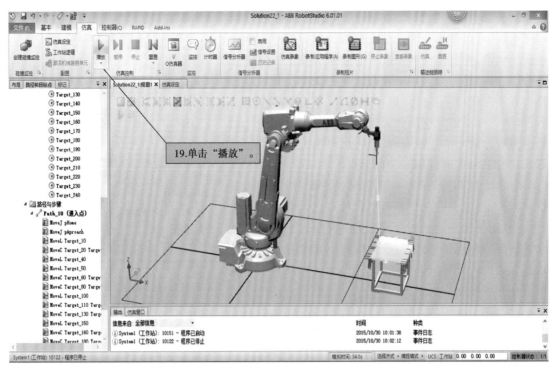

图 4-2-26 仿真程序运行播放

图 4-2-27 所示。在导入模型前,需要用专业的三维软件对模型进行处理(如 SolidWorks) ,因为 RobotStudio 只提供简单的建模功能。生成的轨迹要选取合适的近似值,以便目标工具的接近,如图 4-2-28 所示。

图 4-2-27 鼠标捕捉点生成轨迹

修改近似值如图 4-2-28 所示。

②目标点调整:目标点的调整方法有多种,在实际应用过程中,仅使用一种调整方法难以将目标点一次性地调整到位,尤其是在对工具姿态要求较高的工艺需求场合中,通常是综合运用多种方法进行调整。建议在调整过程中先对单一目标点进行调整,反复尝试调整完成后,其他目标点的某些属性可以参考调整好的第一个目标点进行方向对准。在姿态调整过程中,应尽量保证机器人工具平滑地通过每一个目标点。

③轴配置调整:在为目标点配置轴配置过程中,若轨迹较长,可能会遇到相邻两个目标点之间轴配置变化过大,从而在轨迹运行过程中出现"机器人当前位置无法跳转到目标点位置,请检查轴配置"(前面任务中就出现过无法跳转到 Target_130 的现象)。此时用户可以采取下述几项措施完成更正。

a.轨迹起始点尝试使用不同的轴配置参数,如有需要可勾选"包含转数之后再选择轴配置参数"。

b.尝试更改轨迹起始点位置。

c.调整目标点的工具接近姿态。

d.SingArea、ConfL、ConfJ 等指令的运行。

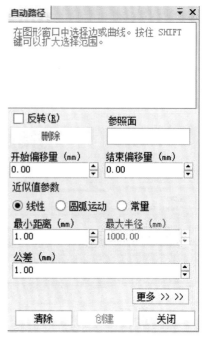

图 4-2-28　修改近似值

3　课后练习

①为什么用户要对目标点的姿态进行调整?

②学生独立完成机器人离线轨迹目标点的调整及轴参数设置操作步骤。

4　教学质量检测

任务书 4-2-1

项目 名称	机器人离线轨迹编程			任务 名称	机器人目标点调整及仿真播放		
班级		姓名		学号		组别	
任务 内容	本任务主要学习离线轨迹目标点的调整、轴参数调整以及离线轨迹仿真运行的操作步骤						
任务 目标	1.掌握目标点的调整方法 2.进行轴配置参数的调整 3.离线轨迹仿真运行的操作 4.离线轨迹编程技巧的学习			掌握情况		1.了解 2.熟悉 3.熟练掌握	

续表

任务实施总结	
教师评价	

任务三　机器人离线轨迹编程辅助工具

1　任务描述

在仿真过程中,规划好机器人运行轨迹后,一般需要验证当前机器人轨迹是否会与周边设备发生干涉,这就需要运用碰撞监控功能进行检测。此外,机器人执行完运动后,用户需要分析机器人轨迹是否满足需求,通过 TCP 跟踪功能将机器人运行轨迹记录下来,可用作后续的研究分析资料。

2　技能训练

1)机器人碰撞监控功能的使用

模拟仿真的一个重要任务是验证轨迹可行性,即验证机器人在运行过程中是否会与周边设备发生碰撞。此外,在轨迹应用过程中,例如焊接、切割等因为焊丝或切割激光伸出目标工具一定的长度,所以目标中心在保持和加工工件一定范围内运行,此时机器人工具实体尖端应与工件表面的距离保持在合理范围内,既不能与工件发生碰撞,也不能距离过大,从而保证工艺需求。在 RobotStudio 软件的"仿真"功能选项卡中有专门用于检测碰撞的功能——碰撞监控。下面将通过碰撞监控功能的使用操作步骤介绍,使学生能熟练掌握该功能的运用。

创建碰撞监控如图 4-3-1 所示。

展开碰撞检测设定如图 4-3-2 所示。

说明:碰撞集包含 ObjectA 和 ObjectB 两组对象。用户将需要检测的对象放入两个组中,从而检测两组对象之间的碰撞。当 ObjectA 内任何对象与 ObjectB 内任何对象发生碰撞时,此碰撞将显示在图形视图里并记录在输出窗口内。碰撞集可以设置多个,但每个碰撞集内只能包含两组对象。

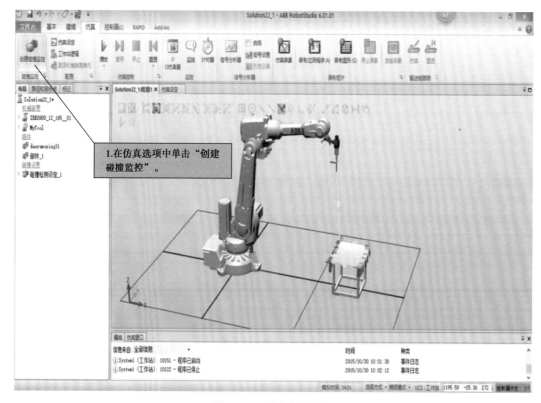

图 4-3-1　创建碰撞监控

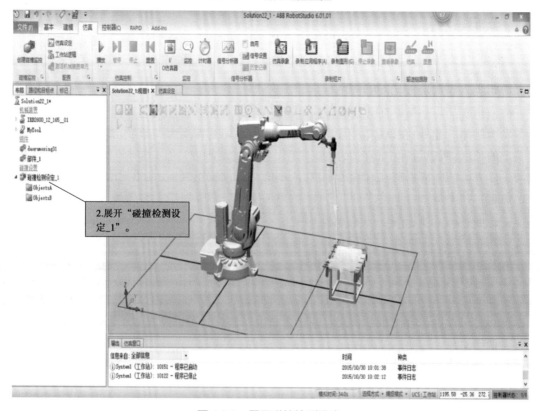

图 4-3-2　展开碰撞检测设定

在布局窗口中,可以用鼠标左键选中需要检测的对象,不松开,拖入对应的碰撞组中,如图 4-3-3 所示。

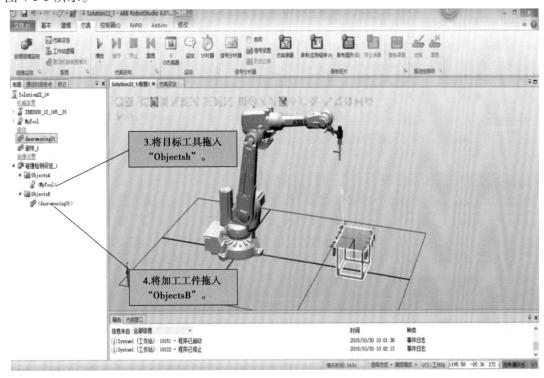

图 4-3-3　选择碰撞检测对象

修改碰撞监控参数如图 4-3-4 所示。

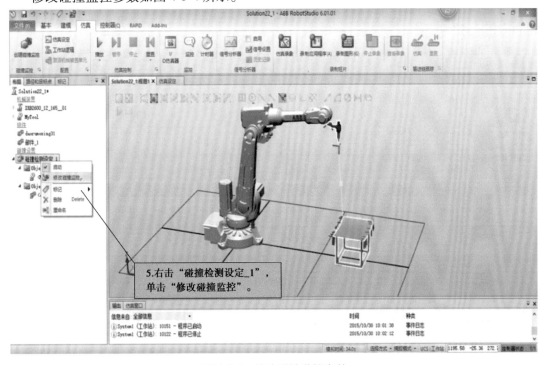

图 4-3-4　修改碰撞监控参数

接近丢失如图 4-3-5 所示。

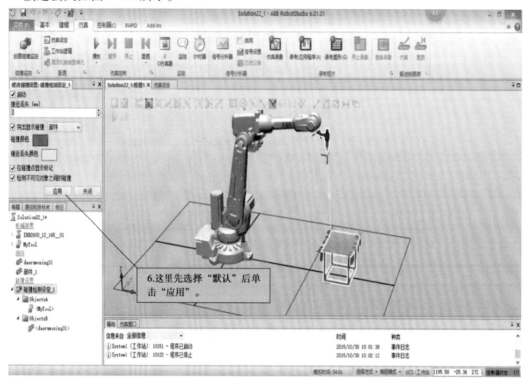

图 4-3-5　接近丢失

碰撞现象如图 4-3-6 所示。

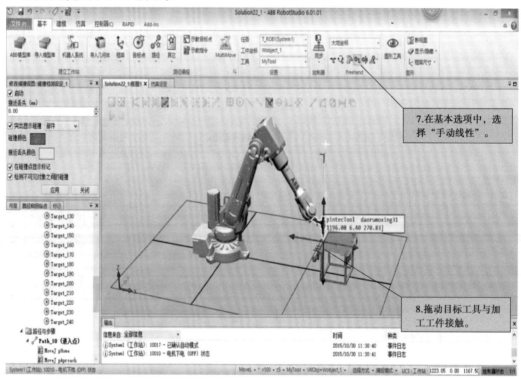

图 4-3-6　碰撞现象

本任务中由于目标工具中心在工具末端，所以当目标工具与加工工件的距离在设定的10.00 mm 内而又没与工件碰撞时，工件颜色就显示设定"接近丢失"的绿色，如图 4-3-7 所示。

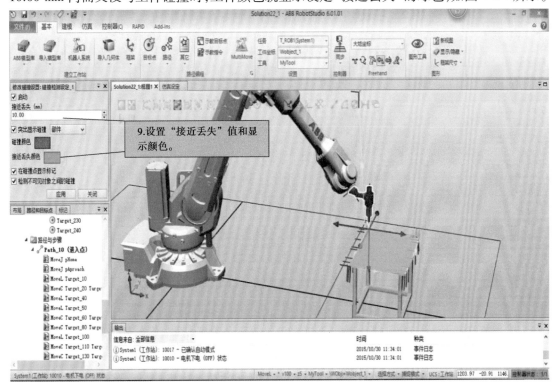

图 4-3-7 接近丢失功能

2）机器人 TCP 跟踪功能的使用

仿真监控设定如图 4-3-8 所示。

TCP 仿真监控对话框如图 4-3-9 所示。

可对机器人的 TCP 路径启动跟踪见表 4-3-1。

表 4-3-1

使用 TCP 跟踪	可对机器人的 TCP 路径启动跟踪
跟踪长度	指定最大轨迹长度（以 mm 为单位）
追踪轨迹颜色	当不启用或在警告参数范围内时显示追踪轨迹颜色。单击颜色框可修改追踪轨迹颜色
提示颜色	当轨迹运行，TCP 超过"警告"定义中的任何参数时，显示提示颜色。单击颜色框可修改提示颜色
清除轨迹	单击此选项可清除图形窗口中的跟踪轨迹

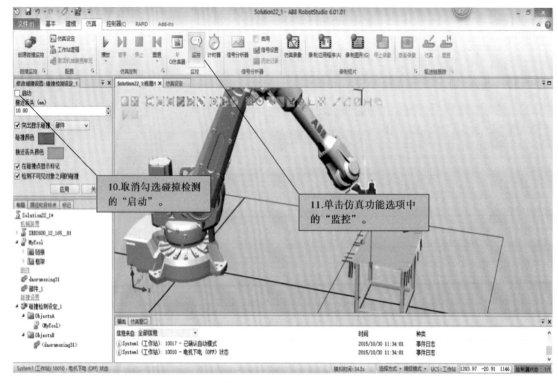

图 4-3-8　仿真监控设定

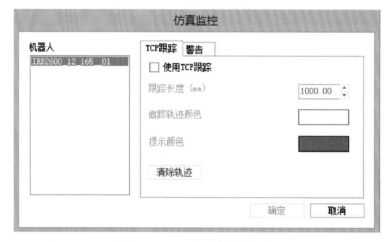

图 4-3-9　TCP 仿真监控对话框

"警告"仿真监控对话框如图 4-3-10 所示。

显示设置如图 4-3-11 所示。

TCP 参数设置如图 4-3-12 所示。

目标工具 TCP 轨迹运行路径显示如图 4-3-13 所示。

图 4-3-10　"警告"仿真监控对话框

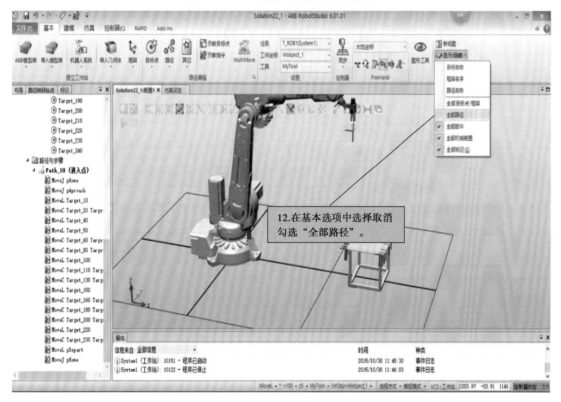

图 4-3-11　显示设置

图 4-3-12　TCP 参数设置

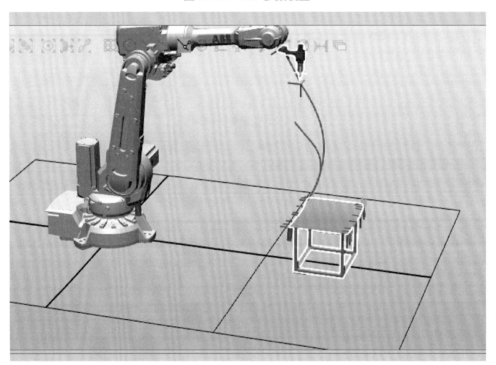

图 4-3-13　目标工具 TCP 轨迹运行路径显示

3　课后练习

①碰撞检测功能对哪些加工场合的仿真具有良好应用?

②学生练习碰撞检测功能与 TCP 跟踪功能设定的操作步骤。

4　教学质量检测

任务书 4-3-1

项目名称	机器人离线轨迹编程			任务名称	机器人离线轨迹编程辅助工具		
班级		姓名		学号		组别	
任务内容	本次任务主要学习机器人离线轨迹碰撞监测功能及 TCP 跟踪功能的运用						
任务目标	1.熟悉机器人碰撞监测功能及运用 2.熟悉 TCP 跟踪功能及运用			掌握情况		1.了解 2.熟悉 3.熟练掌握	
任务实施总结							
教师评价							

项目五

Smart **组件的应用**

任务一　用 Smart 组件创建动态输送链

1　任务描述

用户在 RobotStudio 中创建仿真码垛工作站时,首先需要建立一个具有动态效果的仿真输送链。Smart 组件的功能就是在 RobotStudio 中实现工作站动态动画效果的。根据需要,用户通过建立一个具有动态效果的仿真工作站来完成 Smart 组件产品源设定、运动属性的链接、限位传感器的建立、输入输出信号与连接、模拟动态运行等功能介绍与实践操作。

2　技能训练

1)建立输送链工作站

在操作过程中,用户需要建立输送链工作站,如图 5-1-1 所示。创建输送链工作站能够对前面章节工作站的建立以及创建工具等知识进行复习。

导入机器人 IRB460、码垛堆放的木架、输送链以及周边围栏,如图 5-1-2 所示。

导入码垛木架和输送链如图 5-1-3 所示。

合理摆放木架如图 5-1-4 所示。

说明:码垛木架必须放在机器人可到达的工作区域内,以便让机器人能够顺利进行码垛工作。选中机器人"显示工作空间",勾选"3D 体积",可更直观地体现木架在机器人的摆放范围内。木架通过线性运动移动到工作区域内,如图 5-1-5 所示。

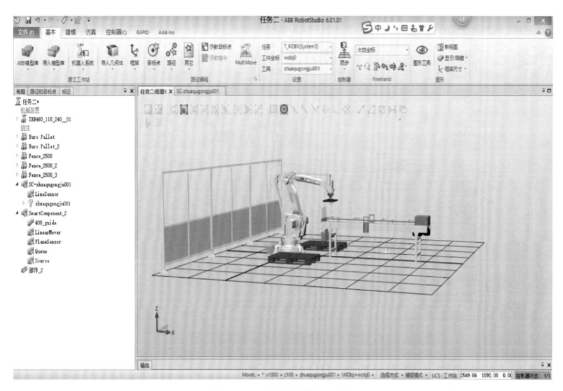

图 5-1-1　创建输送链工作站

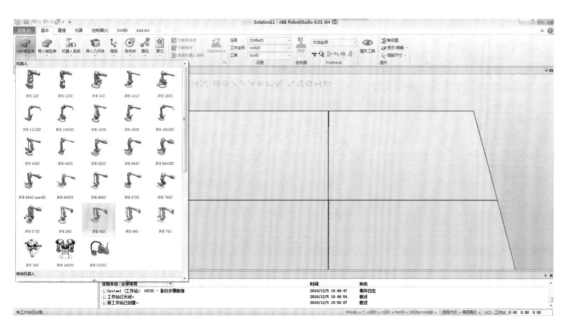

图 5-1-2　导入 IRB460 机器人

图 5-1-3　导入码垛木架和输送链

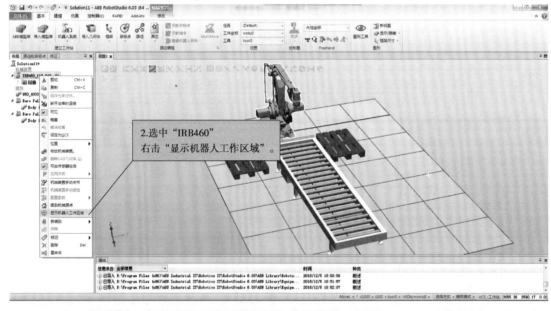

图 5-1-4　合理摆放木架 1

2)创建加工工具

　　导入用户所需要的抓取工具模型,通过创建工具完成工具的安装。用户在码垛的过程中,经常需要用到特定的工具,所以用户可以将事先建好的 3D 模型导入工作站中,通过定义工具的本地原点以及定义工件坐标来完成创建工具的操作(项目 3 的相关知识点),如图5-1-6所示。

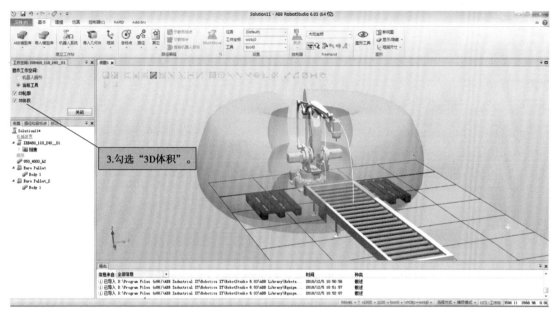

图 5-1-5　合理摆放木架 2

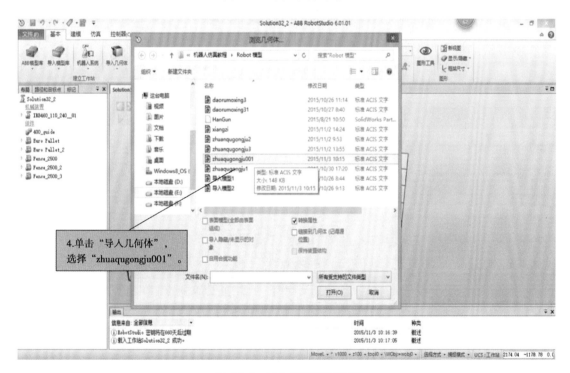

图 5-1-6　导入抓取工具模型

创建工具如图 5-1-7 所示。

安装"zhuaqugongju001"到 IRB460 如图 5-1-8 所示。

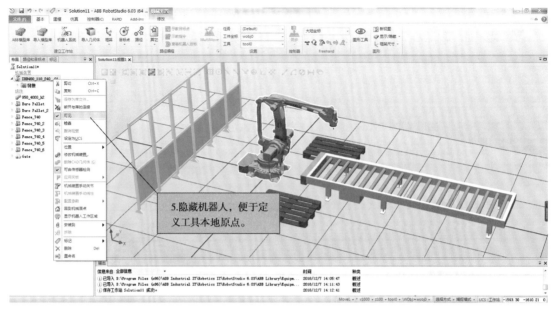

图 5-1-7　创建工具

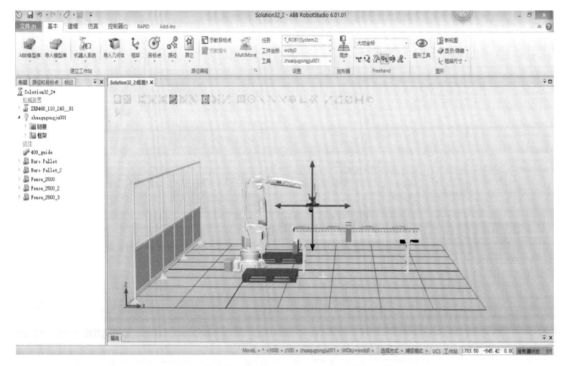

图 5-1-8　安装"zhuaqugongju001"到 IRB460

3）建立箱子模型

建立箱子模型如图 5-1-9 所示。

图 5-1-9 建立箱子模型

箱子位置捕捉与大小参数设定如图 5-1-10 所示。

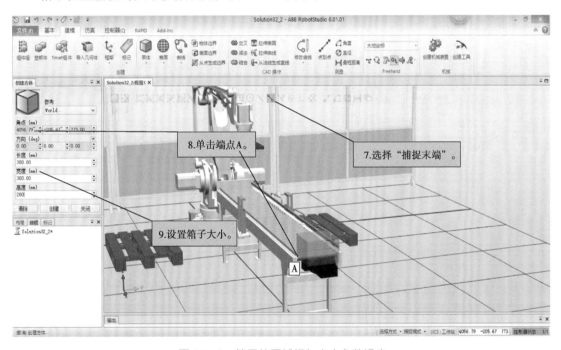

图 5-1-10 箱子位置捕捉与大小参数设定

说明:用户捕捉的端点位置为(4056.79 −205.67 773),但希望显示的效果是箱子在输送导轨内,基本处于导轨的正中间。所以在捕捉到该点后,用户将该点向里移动"336",向中间移动"35",向 Z 轴负方向移动"13",所以角点的最后坐标变为(3700,170,760)。这样箱子就位于输送链的正中间,设定好用户需要的颜色,如图 5-1-11 所示,即可通过"机器人系统"完成工作站的建立。

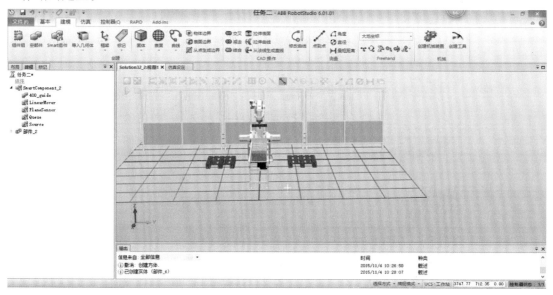

图 5-1-11　完成箱子建模

4）设定输送链的产品源（Source）

创建 Smart 组件如图 5-1-12 所示。

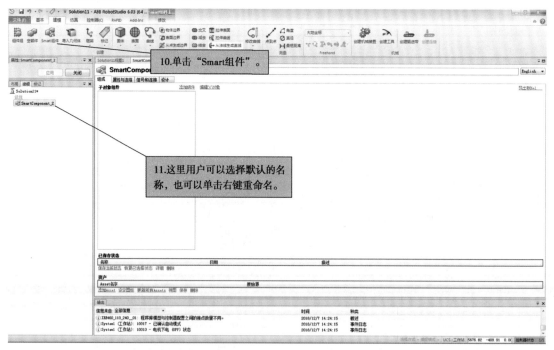

图 5-1-12　创建 Smart 组件

添加组件"Source"如图 5-1-13 所示。

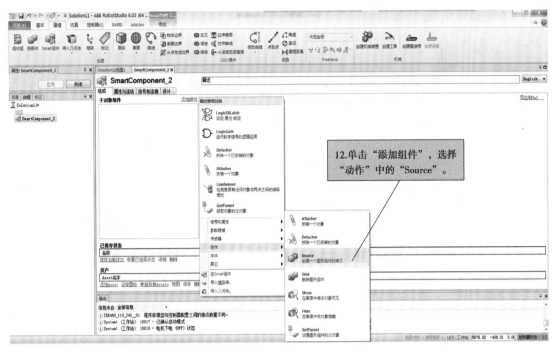

图 5-1-13　添加组件"Source"

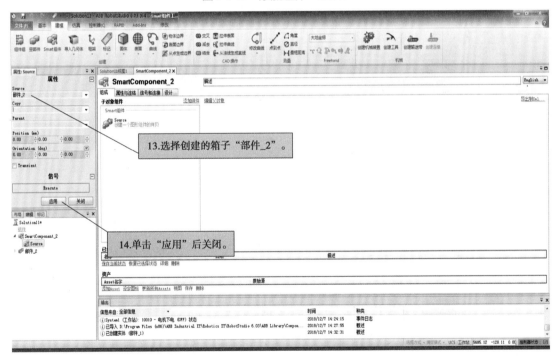

图 5-1-14　设定"Source"参数

5）设定输送链的运动属性

设定输送链的运动属性如图 5-1-15—图 5-1-17 所示。

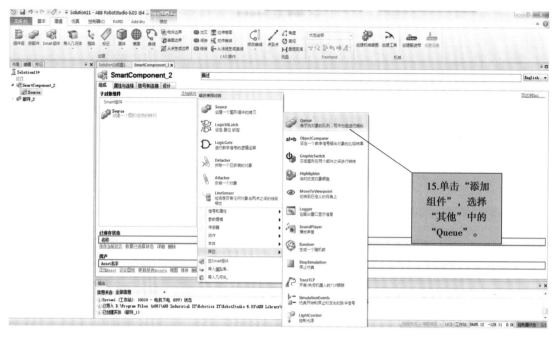

图 5-1-15 添加 "Queue" 组件

图 5-1-16 添加 "LinearMover" 组件

　　说明："Direction"设置为"-1000"表示运动方向为大地坐标的 X 轴-1000 的方向；"Speed"设置为"300"表示箱子在传输带运送速度为 300 mm/s；"Execute"设置为"1"表示运动一直处于执行状态。

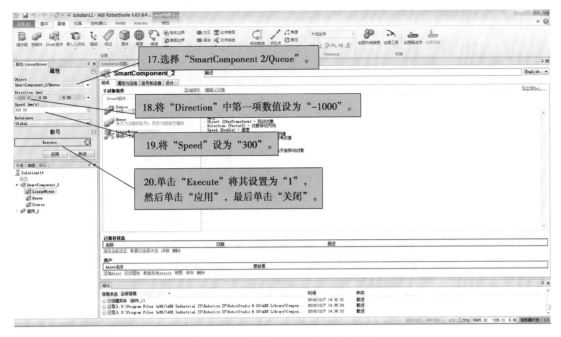

图 5-1-17 设置"LinearMover"参数

6)设定输送链限位传感器

设定输送链限位传感器如图 5-1-18—图 5-1-24 所示。

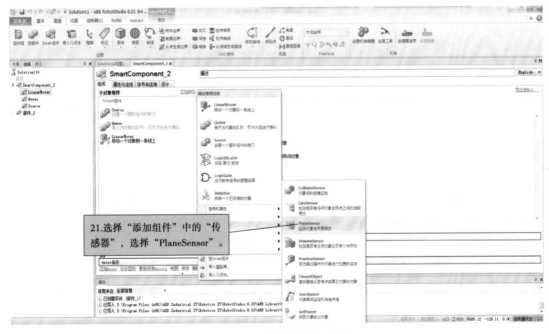

图 5-1-18 添加限位传感器

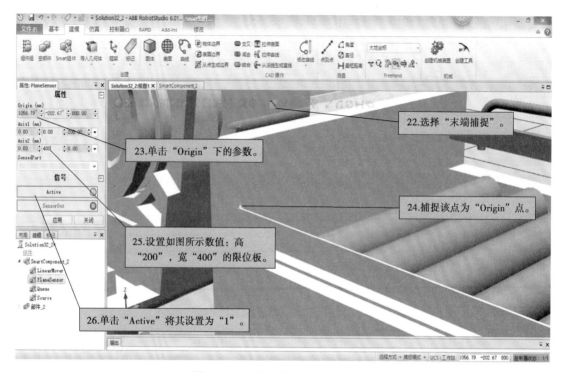

图 5-1-19　设置"PlaneSensor"参数

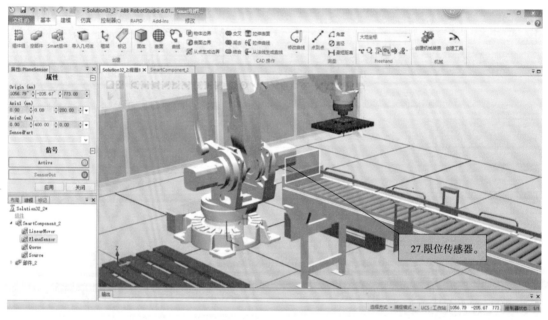

图 5-1-20　限位传感器

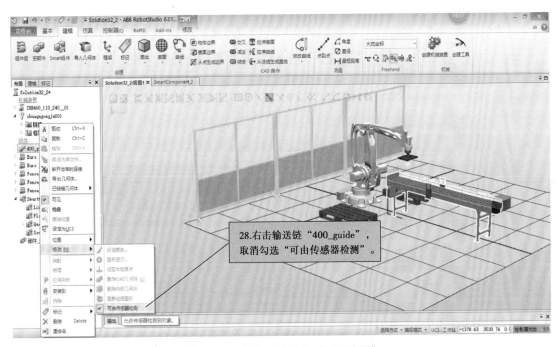

图 5-1-21 修改输送链为"不可检测"

说明:虚拟传感器只能检测一个物体,所以这里需要保证用户所创建的传感器不能与周边设备接触,否则无法检测到运动到输送链末端的产品。而通过用户建立的限位传感器可以知道,传感器是与输送链接触的,所以用户将输送链设备的属性设置为"不可由传感器检测"。

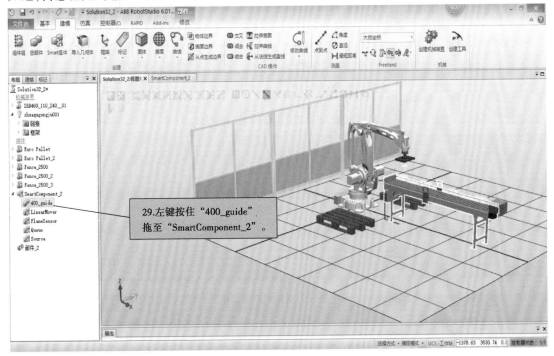

图 5-1-22 输送链添加到"Smart 组件"

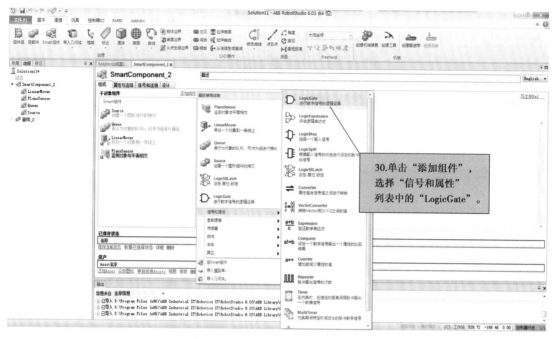

图 5-1-23 添加 "LogicGate" 组件

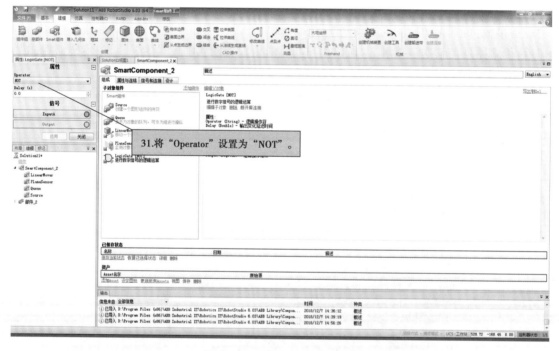

图 5-1-24 "LogicGate" 设定

7）创建属性与连结

单击"Smart"设置选项卡中的"属性与连结"，如图 5-1-25—图 5-1-29 所示。

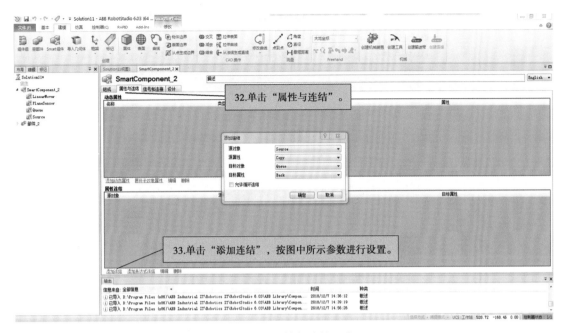

图 5-1-25　属性与连结设定

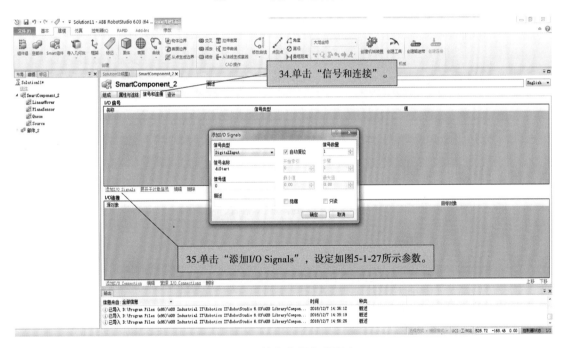

图 5-1-26　输入信号参数设定 1

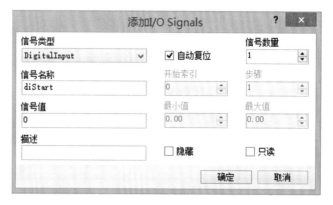

图 5-1-27 "添加 I/O Signals" 参数设定 1

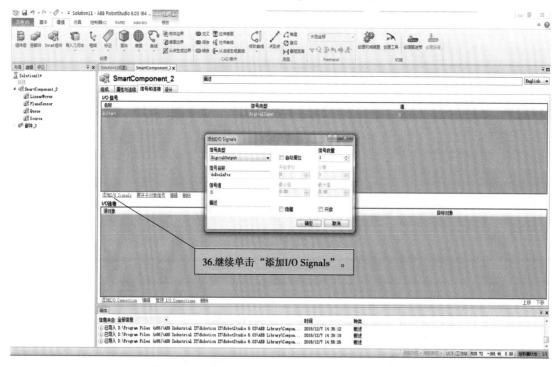

图 5-1-28 输入信号参数设定 2

图 5-1-29 "添加 I/O Signals" 参数设定 2

8）创建信号与连接

I/O 信号是指在本工作站中自行创建的数字信号，用于各 Smart 组件进行信号交换，如图 5-1-30—图 5-1-36 所示。

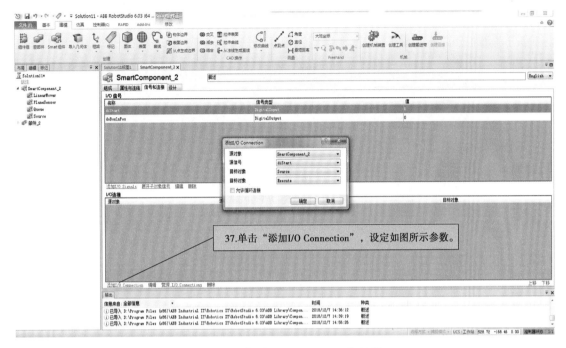

图 5-1-30　"添加 I/O Connection"信号 1

说明：创建的 diStart 触发 Source 组件执行动作，则产品源会自动生成一个复制品。

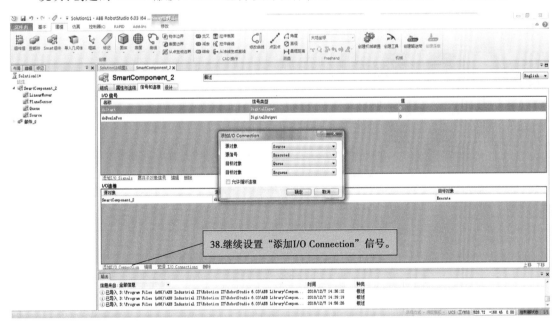

图 5-1-31　"添加 I/O Connection"信号 2

说明：产品源产生的复制品完成信号触发 Queue 的加入队列动作，则产生的复制品自动加入队列 Queue。

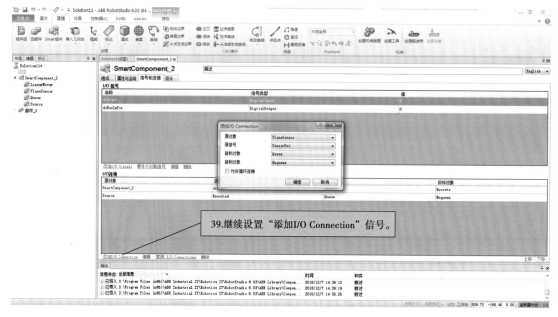

图 5-1-32 "添加 I/O Connection"信号 3

说明：当复制品与输送链末端的传感器发生接触后，传感器将本身的输出信号 SensorOut 设置为"1"，利用此信号触发 Queue 的退出队列动作，则队列里面的复制品自动退出队列。

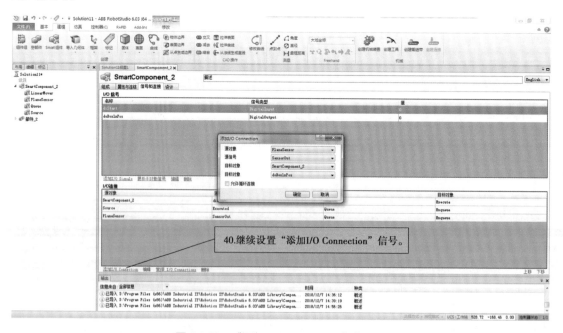

图 5-1-33 "添加 I/O Connection"信号 4

说明：当产品运动到输送链末端与限位传感器发生接触时，将 doBoxInPos 设置为"1"，表示产品已到位。

图 5-1-34　"添加 I/O Connection"信号 5

说明：将传感器的输出信号与非门进行连接，则非门的信号输出变化和传感器输出信号变化正好相反。

图 5-1-35　"添加 I/O Connection"信号 6

说明：非门的输出信号去触发 Source 的执行，则实现的效果为当传感器的输出信号由"1"变为"0"时，触发产品源 Source 产生一个复制品。

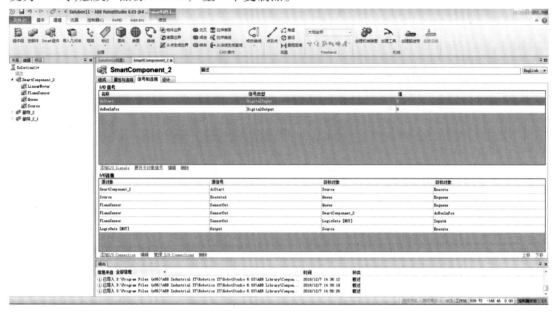

图 5-1-36　设置好的 I/O 信号和连接

9）仿真与运行

通过 I/O 仿真器检测用户所建立的信号的动画效果，如图 5-1-37—图 5-1-41 所示。

图 5-1-37　仿真设定

说明：目前只运行 Smart 组件的动画效果，所以"System2"系统的相关参数不启动。

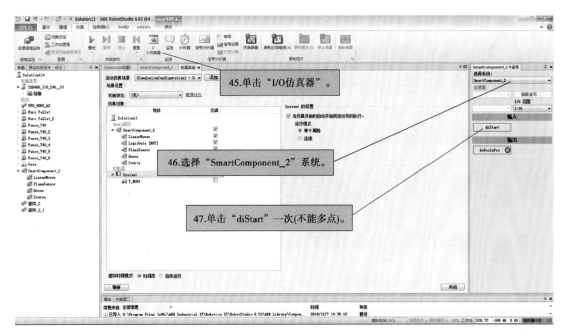

图 5-1-38 "I/O 仿真器"设定

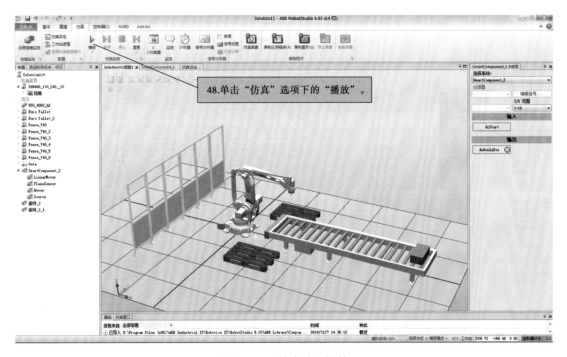

图 5-1-39 仿真动画播放

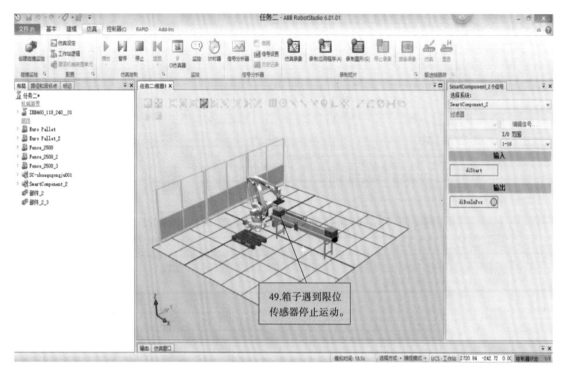

图 5-1-40　箱子停止

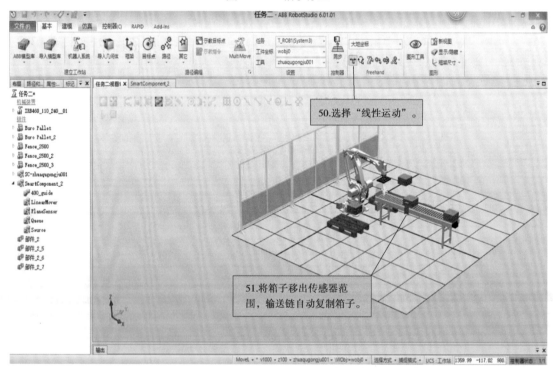

图 5-1-41　箱子复制

3　课后练习

①创建动态输送链的工作站包含哪些部件和内容?

②合理创建限位传感器的操作步骤有哪些?

③理解动态输送 Smart 组件创建过程中信号与连接的创建关系?

④学生独立操作练习建立动态输送链。

4　教学质量检测

任务书 5-1-1

项目 名称	Smart 组件的应用			任务 名称	用 Smart 组件创建动态输送链		
班级		姓名		学号		组别	
任务 内容	本次任务的学习内容有复习前面所学的工作站的创建、机器人工具的创建等知识,以加强学生对仿真软件的运用能力;利用 Smart 组件设定输送链产品源、运动属性、传感器属性以及属性连结、型号输入输出等完成输送链仿真程序的创建						
任务 目标	1.进一步熟练工作站及工具的创建 2.熟悉输送链的创建内容 3.能根据教材完成输送链创建的操作			掌握情况		1.了解 2.熟悉 3.熟练掌握	
任务 实施 总结							
教师 评价							

任务二　用 Smart 组件创建动态夹具

1　任务描述

在 RobotStudio 中创建码垛仿真工作站，夹具的动态效果是最为重要的部分。现使用一个海绵式真空吸盘来进行产品的拾取释放，基于此吸盘来创建一个具有 Smart 组件特效的夹具。夹具动态效果包括：在输送链末端拾取产品、在放置位置释放产品、自动置位复位真空反馈信号。现在前一章节的基础上进行仿真动态夹具创建的实践操作课程讲解和练习，以达到如图 5-2-1 所示的效果。

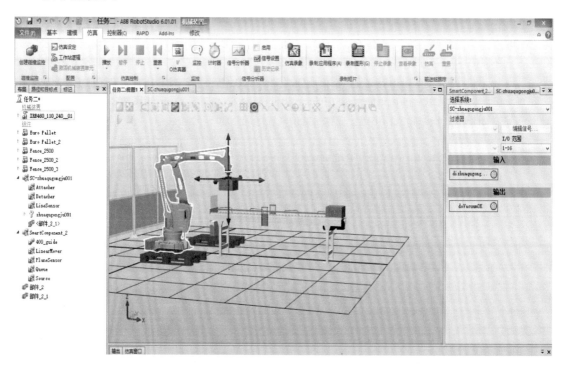

图 5-2-1　Smart 动态夹具夹取箱子效果图

2　技能训练

本次任务是在任务一的基础上进行夹具的属性及传感器检测等设定。

1)设定夹具属性

设定夹具属性如图 5-2-2—图 5-2-7 所示。

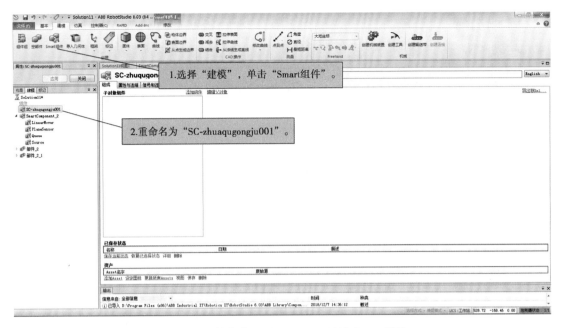

图 5-2-2　创建"SC-zhuaqugongju001"Smart 组件

图 5-2-3　拆除"zhuaqugongju001"

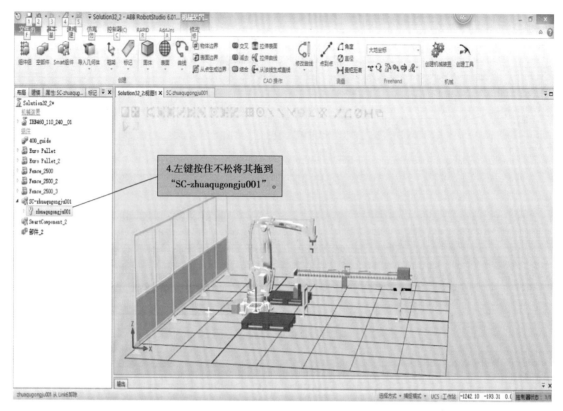

图 5-2-4 将"zhuaqugongju001"安装到 Smart 组件中

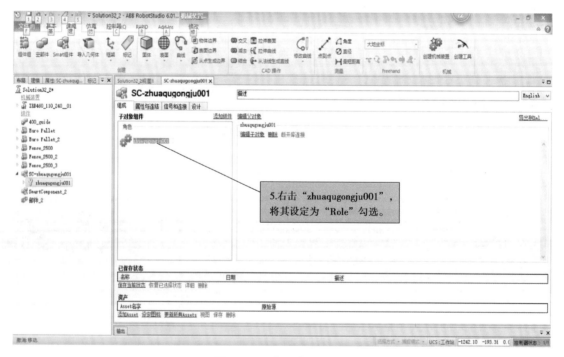

图 5-2-5 "Role"的设定

说明:设定为"Role"可以让 Smart 组件获得"Role"的属性,即"SC-zhuaqugongju001"继承工具坐标系属性。

图 5-2-6 将"SC-zhuaqugongju001"安装到机器人上

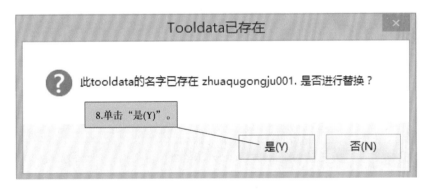

图 5-2-7 工具安装

2)设定检测传感器

设定检测传感器如图 5-2-8—图 5-2-12 所示。

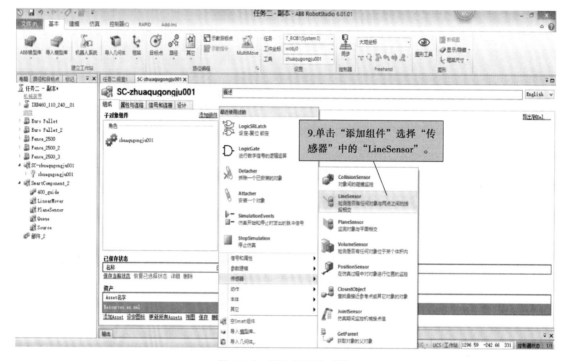

图 5-2-8　添加检测传感器

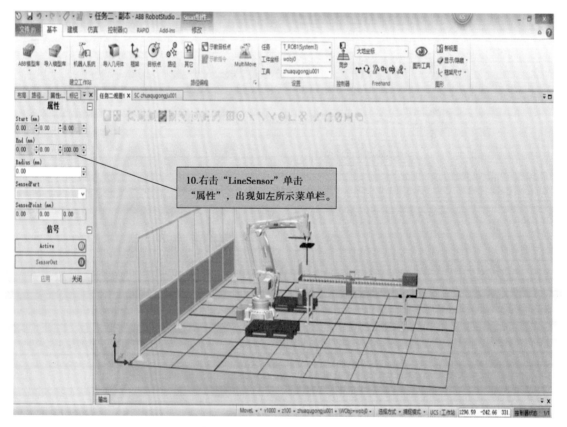

图 5-2-9　检测传感器参数设定 1

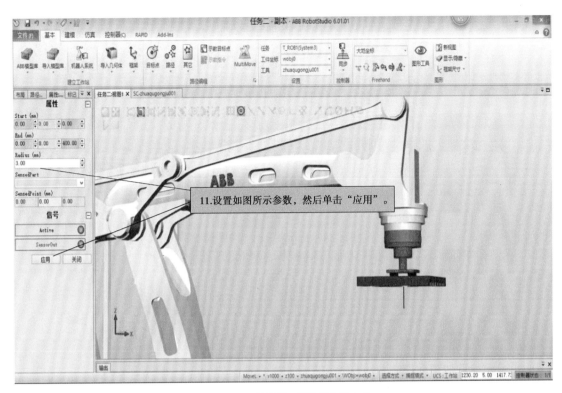

图 5-2-10　检测传感器参数设定 2

说明：由于用户所在的工具坐标为"zhuaqugongju001"，所以起始点可以直接设置为（0 0 0），Z 轴设置"400"就相当于检测传感器长度为 400（大于工件高度的 200）。Radius 设置为"3.00"增加检测传感器直径，便于观察。

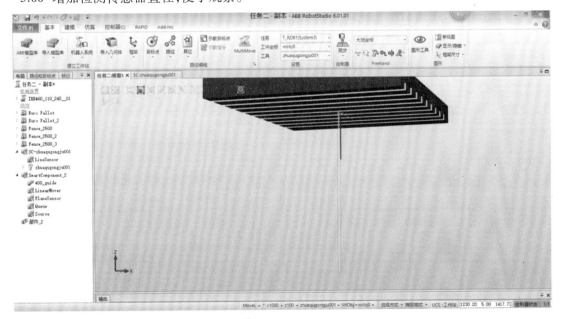

图 5-2-11　设置好的检测传感器

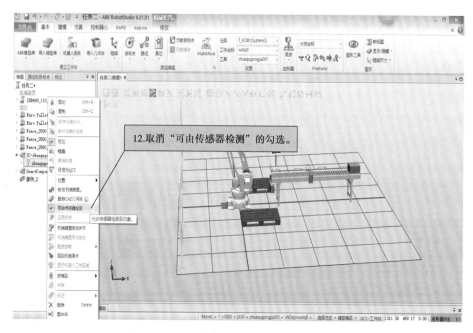

图 5-2-12　取消"可由传感器检测"的勾选

3）设定拾取放置动作

设定拾取放置动作如图 5-2-13—图 5-2-19 所示。

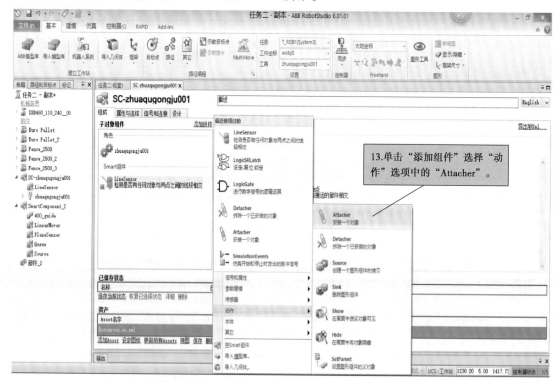

图 5-2-13　添加"Attacher"组件

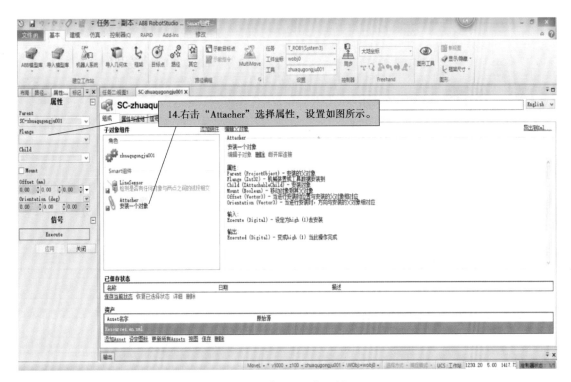

图 5-2-14　"Attacher"属性设置

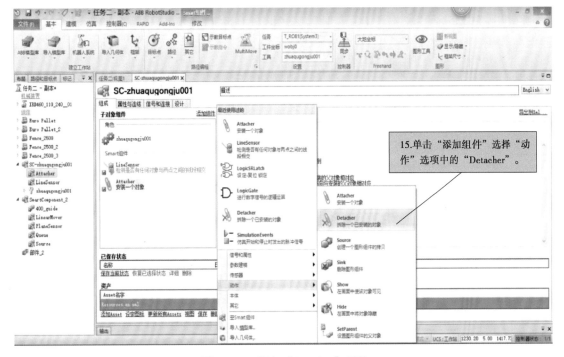

图 5-2-15　添加"Detacher"组件

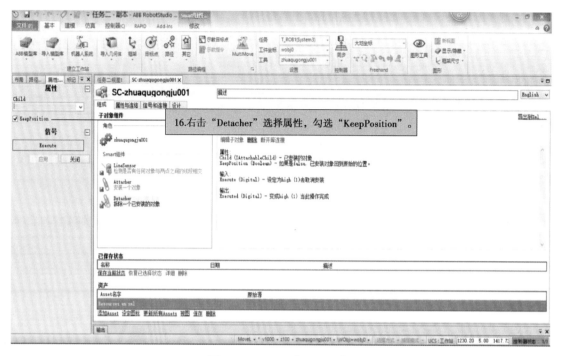

图 5-2-16 设置"Detacher"

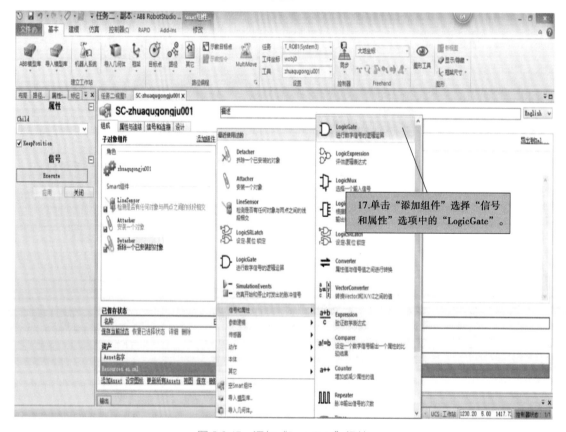

图 5-2-17 添加"LogicGate"组件

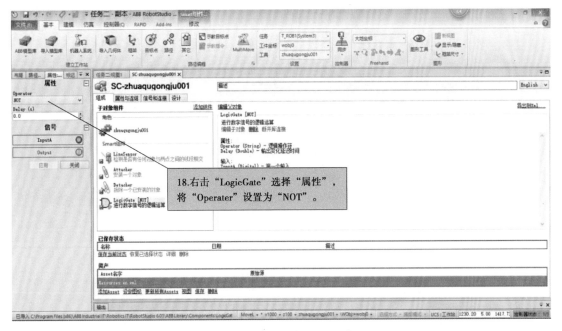

图 5-2-18 设置 "LogicGate"

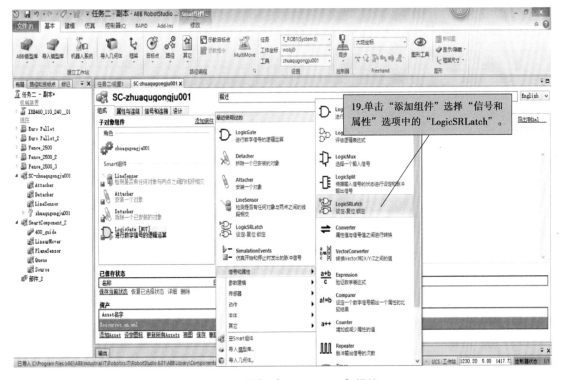

图 5-2-19 添加 "LogicSRLatch" 组件

4)创建属性与连结

创建属性与连结如图 5-2-20—图 5-2-22 所示。

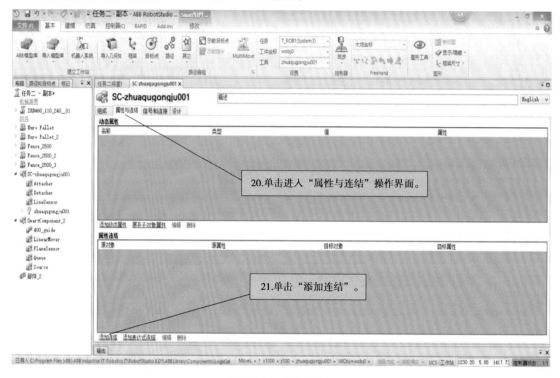

图 5-2-20　添加连结

图 5-2-21　"添加连结"参数

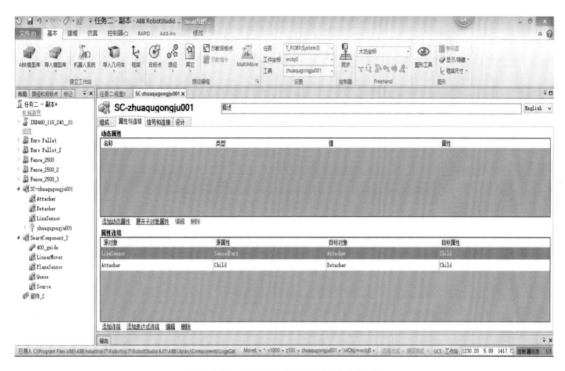

图 5-2-22　添加完成的"属性与连结"

5）创建信号与连接

创建信号与连接如图 5-2-23—图 5-2-33 所示。

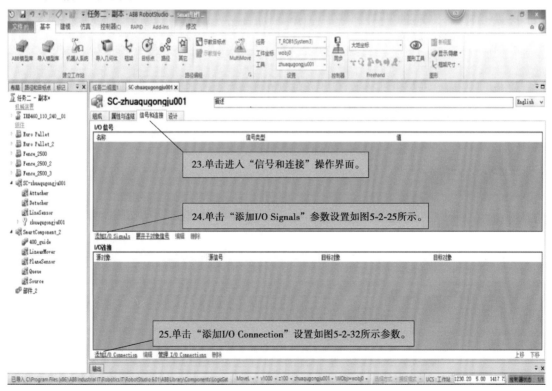

23.单击进入"信号和连接"操作界面。

24.单击"添加I/O Signals"参数设置如图5-2-25所示。

25.单击"添加I/O Connection"设置如图5-2-32所示参数。

图 5-2-23　"信号和连接"参数设置

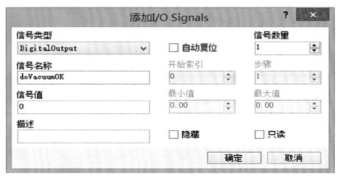

图 5-2-24　添加 I/O Signals 1

图 5-2-25　添加 I/O Signals 2

图 5-2-26　添加 I/O Connection 1

图 5-2-27　添加 I/O Connection 2

图 5-2-28　添加 I/O Connection 3

图 5-2-29　添加 I/O Connection 4

添加I/O Connection

源对象　　　Attacher
源信号　　　Executed
目标对象　　LogicSRLatch
目标对象　　Set
□ 允许循环连接
　　　　　　　　确定　　　取消

图 5-2-30　添加 I/O Connection 5

图 5-2-31　添加 I/O Connection 6

图 5-2-32　添加 I/O Connection 7

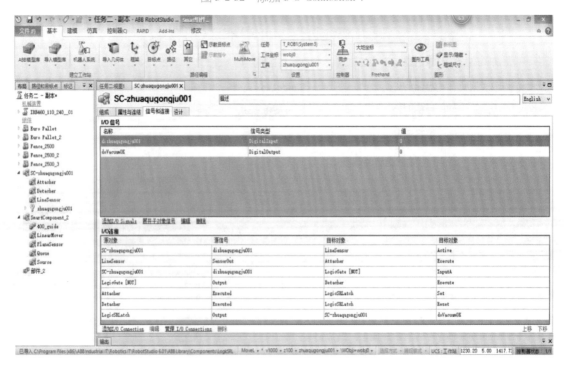

图 5-2-33　设置完成的"信号和连接"界面

6）Smart 组件的动态模拟运行

Smart 组件的动态模拟运行如图 5-2-34—图 5-2-40 所示。

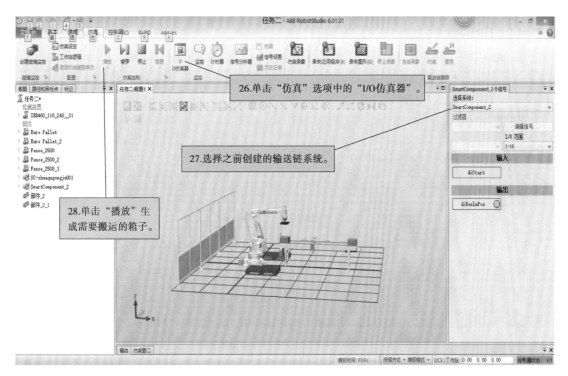

图 5-2-34　生成搬运的箱子

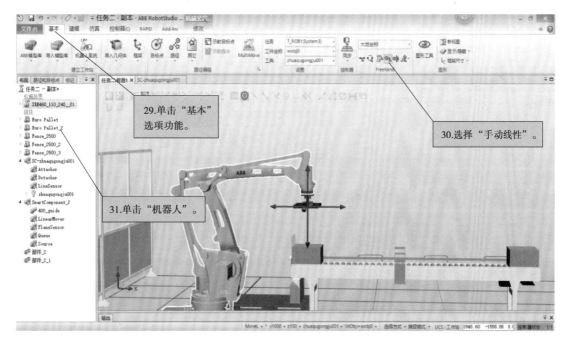

图 5-2-35　移动工具的设定

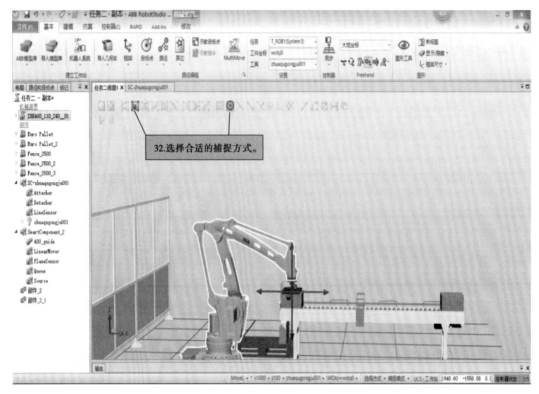

图 5-2-36　移动工具到抓取表面

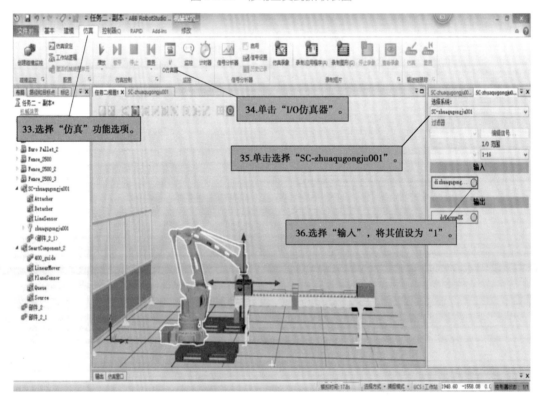

图 5-2-37　"SC-zhuaqugongju001" 系统参数设置

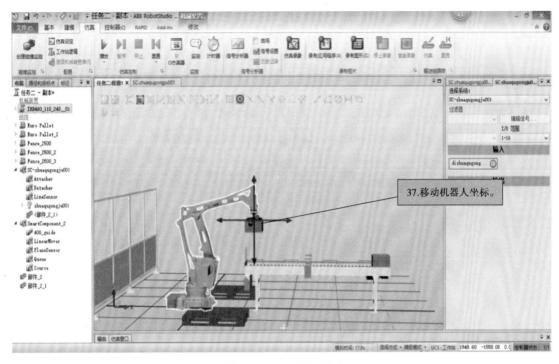

图 5-2-38　工件的搬运

说明：当工作站系统"SC-zhuaqugongju001"置为"1"时，同时真空反馈信号"doVacuumOK"自动置为"1"。可以通过手动线性移动机器人工具坐标来体现机器人抓取箱子搬运的动态效果。

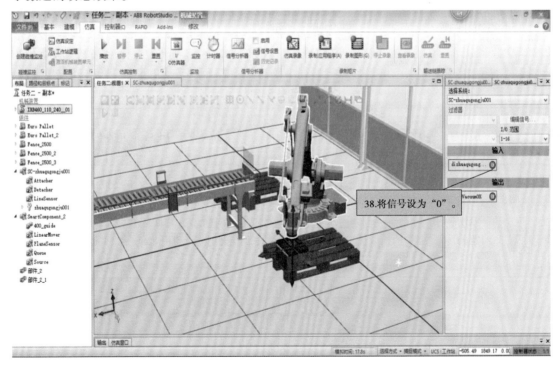

图 5-2-39　放置箱子

161

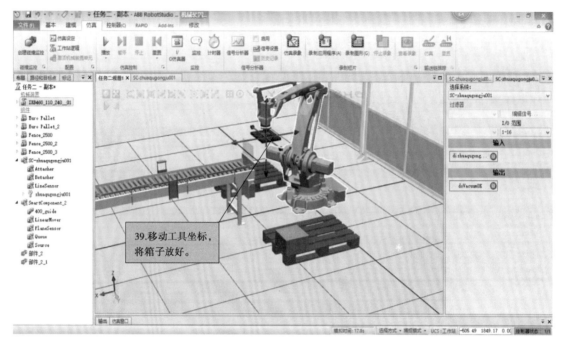

图 5-2-40　工具返回拾取位置

3　课后练习

①完成动态夹具创建主要包含哪几个部分的内容？

②检测传感器与限位传感器有什么区别，如何创建？

③学生培养独立完成动态夹具创建的操作能力。

4　教学质量检测

任务书 5-2-1

项目 名称	Smart 组件的应用			任务 名称	用 Smart 组件创建动态夹具	
班级		姓名		学号		组别	
任务 内容	本次任务是在任务一创建的动态输送链的基础上创建动态夹具,设定夹具属性、检测传感器的设定、夹具的拾取放置动作、属性连结以及信号连接,利用 Smart 组件完成夹具的动态模拟					

任务 目标	1.掌握夹具属性的设定 2.掌握检测传感器的设定 3.掌握拾取放置动作的设定 4.学会创建夹具属性与连结 5.完成夹具信号的输入输出与连接	掌握情况	1.了解 2.熟悉 3.熟练掌握
任务 实施 总结			
教师 评价			

任务三　Smart 组件——子组件概览

1　任务描述

在前面的任务中,我们已经使用了 Smart 组件的功能实现工作站的动画效果。为了在以后的使用中,能够更好地发挥 Smart 组件的功能,在本次的学习任务中详细列出了 Smart"信号和属性""参数建模""传感器""动作""本体""其他"等子组件内包含的内容名称及详细功能的说明。我们可以根据 Smart 组件旁边的注释详细了解各子组件的功能。

1)"信号和属性"子组件

"信号和属性"子组件如图 5-3-1 所示。

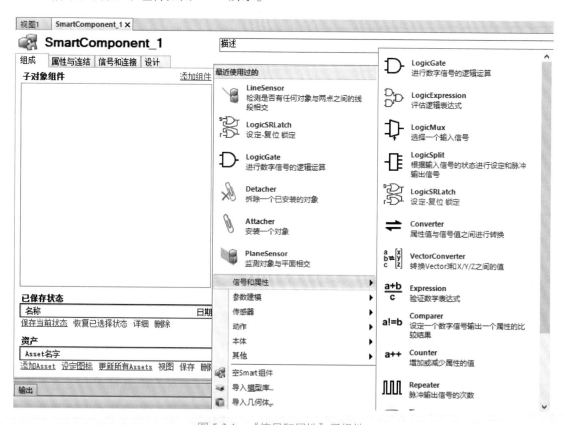

图 5-3-1　"信号和属性"子组件

（1）LogicGata

Output 信号由 InputA 和 InputB 这两个信号的 Operator 中指定的逻辑运算设置,如图5-3-2所示。

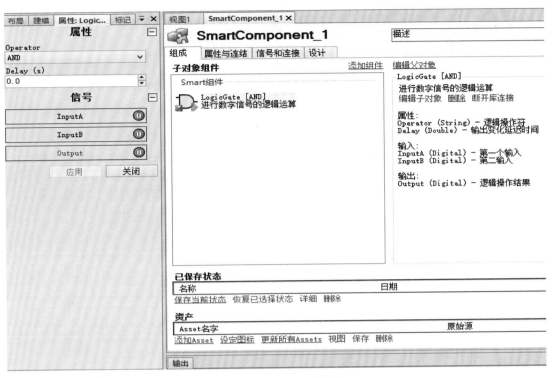

图 5-3-2　LogicGata 属性

（2）LogicExpression

LogicExpression（评估逻辑表达式）属性如图 5-3-3 所示。

图 5-3-3　LogicExpression 属性

（3）LogicMux

依照 Output = (InputA * NOT Selector) + (InputB * Selector) 设定 Output，如图 5-3-4 所示。

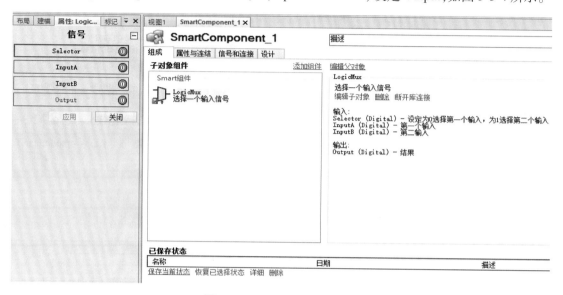

图 5-3-4　LogicExpression 属性

（4）LogicSplit

LogicSplit 获得 Input 并将 OutputHigh 设为与 Input 相同，将 OutputLow 设为与 Input 相反。Input 设为 High 时，PulseHigh 发出脉冲；Input 设为 Low 时，PulseLow 发出脉冲，如图 5-3-5 所示。

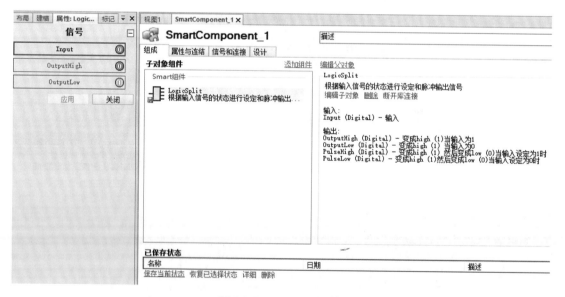

图 5-3-5　LogicSplit 属性

（5）LogicSRLatch

用于置位/复位信号，并带锁定功能，如图 5-3-6 所示。

图 5-3-6　LogicSRLatch 属性

（6）Converter

在属性值与信号值之间进行转换，如图 5-3-7 所示。

图 5-3-7　Converter 属性

（7）VectorConverter

转换 Vector 和 X、Y、Z 之间的值，如图 5-3-8 所示。

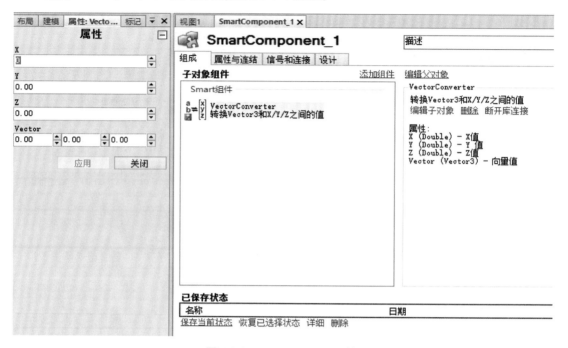

图 5-3-8　VectorConverter 属性

（8）Expression

验证数学表达式，如图 5-3-9 所示。

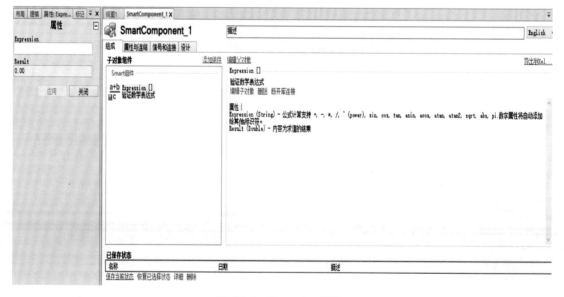

图 5-3-9　Expression 属性

（9）Comparer

Comparer 使用 Operator 对第一个值和第二个值进行比较。当满足条件时，将 Ouput 设为
"1"，如图 5-3-10 所示。

图 5-3-10　Comparer 属性

（10）Counter

设置输入信号 Increase 时，Count 增加；设置输入信号 Decrease 时，Count 减少；设置输入
信号 Reset 时，Count 被重置，如图 5-3-11 所示。

图 5-3-11　Counter 属性

（11）Repeater

脉冲 Output 信号的 Count 的次数，如图 5-3-12 所示。

图 5-3-12　Repeater 属性

（12）Timer

Timer 用于指定间隔脉冲 Output 信号。如果未选中 Repeat，在 Interval 中指定的间隔后将触发一个脉冲；如果选中 Repeat，在 Interval 指定的间隔后重复触发脉冲，如图 5-3-13 所示。

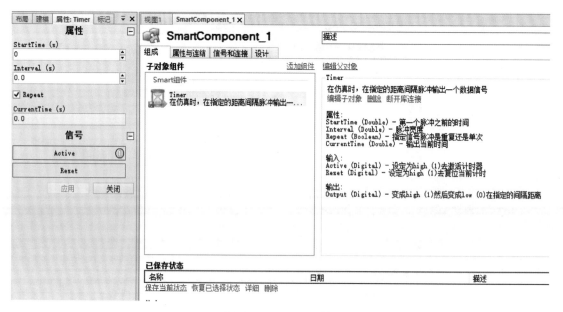

图 5-3-13　Timer 属性

（13）StopWatch

StopWatch 计量了仿真的时间（TotalTime）。触发 Lap 输入信号将开始新的循环,如图 5-3-14 所示。

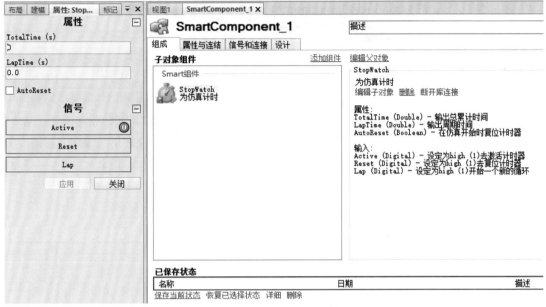

图 5-3-14　StopWatch 属性

2)"参数建模"子组件

"参数建模"子组件如图 5-3-15 所示。

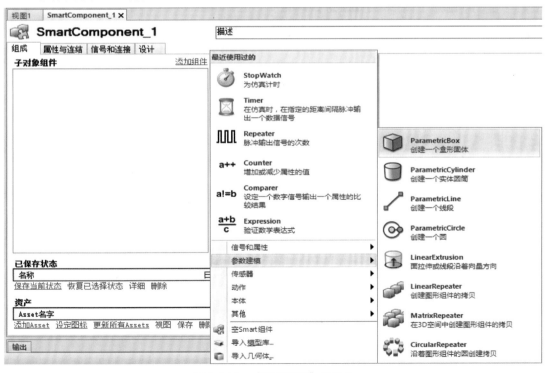

图 5-3-15　"参数建模"子组件

（1）ParametricBox

ParametricBox 生成一个指定长度、宽度、高度的方框，如图 5-3-16 所示。

图 5-3-16　ParametricBox 属性

（2）ParametricCylinder

根据给定半径和高度生成圆柱体，如图 5-3-17 所示。

图 5-3-17　ParametricCylinder 属性

（3）ParametricCircle

根据指定半径生成一个圆，如图 5-3-18 所示。

图 5-3-18　ParametricCircle 属性

（4）ParametricLine

根据给定端点和长度生成线段，如图 5-3-19 所示。

图 5-3-19　ParametricLine 属性

（5）LinearExtrusion

沿着指定的方向拉伸面或线段，如图 5-3-20 所示。

图 5-3-20　LinearExtrusion 属性

（6）LinearRepeater

根据 Offset 给定的方向以及 Distance 给定的距离进行线性复制，相当于线性阵列，如图 5-3-21 所示。

图 5-3-21　LinearRepeater 属性

（7）CircularRepeater

根据给定的圆周半径以及角度对原对象进行复制,如图 5-3-22 所示。

图 5-3-22　CircularRepeater 属性

CircularRepeater 实例如图 5-3-23 所示。

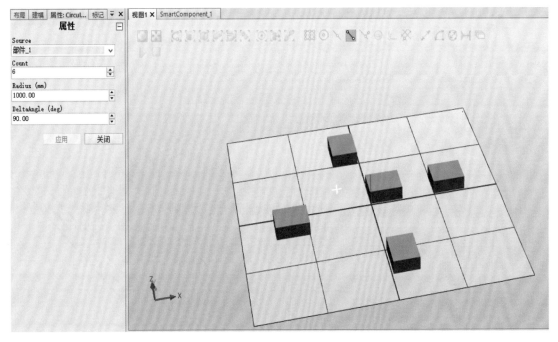

图 5-3-23　CircularRepeater 实例

（8）MatrixRepeater

在三维环境中以指定的间隔创建指定数量的对象，如图 5-3-24 所示。

图 5-3-24　MatrixRepeater 属性

MatrixRepeater 实例如图 5-3-25 所示。

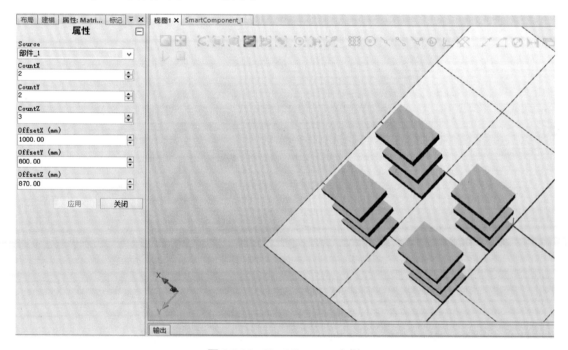

图 5-3-25　MatrixRepeater 实例

3)"传感器"子组件

"传感器"子组件如图 5-3-26 所示。

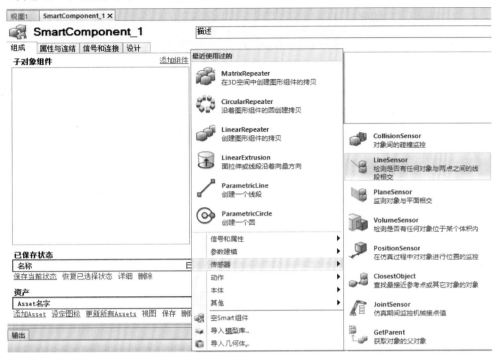

图 5-3-26　"传感器"子组件

（1）CollisionSensor

检测第一个对象和第二个对象间的碰撞和接近丢失。如果其中一个对象没有指定,将检测另外一个对象在整个工作站中的碰撞,如图 5-3-27 所示。

图 5-3-27　CollisionSensor 属性

（2）LineSensor

根据 Start、End、Radius 定义一条线段。当 Active 信号为 High 时，传感器将检测与该线段相交的对象。出现相交时，会设置 SensorOut 输出信号，如图 5-3-28 所示。

图 5-3-28　LineSensor 属性

（3）PlaneSensor

通过 Origin、Axis1 和 Axis2 定义平面。设置 Active 输入信号时，传感器会检测与平面相交的对象，如图 5-3-29 所示。前面输送链动态效果章节建立的限位传感器已有练习实例。

图 5-3-29　PlaneSensor 属性

（4）VolumeSensor

检测全部或部分位于箱形体积内的对象。体积用角点、边长、边高、边宽和方位角定义，如图 5-3-30 所示。

图 5-3-30　VolumeSensor 属性

（5）PositionSensor

监视对象的位置和方向，对象的位置和方向仅在仿真期间被更新，如图 5-3-31 所示。

图 5-3-31　PositionSensor 属性

（6）ClosestObject

定义了参考对象或参考点，如图 5-3-32 所示。设置 Execute 信号时，组件会找到 ClosestObject、ClosestPart 和相对于参考对象或参考点的 Distance。如果定义了 RootObject，则会将搜索的范围限制为该对象和其他同源的对象。完成搜索并更新了相关属性时，将设置 Executed 信号。

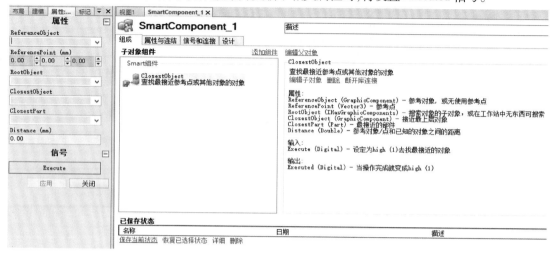

图 5-3-32　ClosestObject 属性

4)"动作"子组件

"动作"子组件如图 5-3-33 所示。

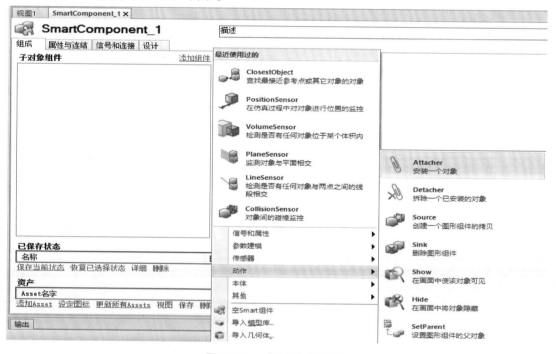

图 5-3-33　"动作"子组件

（1）Attacher

设置 Execute 信号时，Attacher 将 Child 安装到 Parent 上。如果 Parent 为机械装置，还必

须指定要安装的 Flange。设置 Executed 输入信号时,子对象将安装到父对象上。如果选中 Mount,还会使用指定的 Offset 和 Orientation 将子对象装配到父对象上。完成时,将设置 Executed 输出信号,如图 5-3-34 所示。

图 5-3-34　Attacher 属性

（2）Detacher

设置 Execute 信号时,Detacher 会将 Child 从其所安装的父对象上拆除。如果选中了 KeepPosition,位置将保持不变。否则相对于其父对象放置子对象的位置。完成时,将设置 Executed 信号,如图 5-3-35 所示。

图 5-3-35　Detacher 属性

（3）Source

源组件的 Source 属性表示在收到 Executed 输入信号时应复制的对象。所复制对象的父对象由 Parent 属性定义，而 Copy 属性则指定对所复制对象的参考。输出信号 Executed 表示复制已完成，如图 5-3-36 所示。

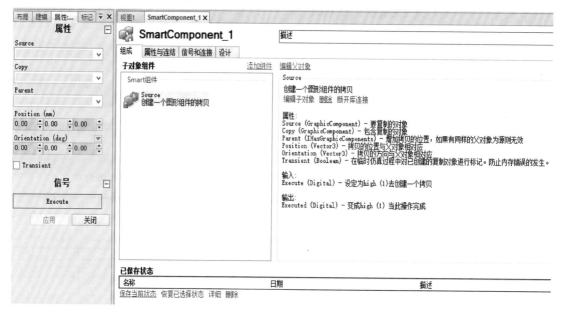

图 5-3-36　Source 属性

（4）Sink

删除 Object 属性参考的对象，如图 5-3-37 所示。

图 5-3-37　Sink 属性

（5）Show

设置 Executed 信号时，将显示 Object 中参考的对象。完成时，将设置 Executed 信号，如图 5-3-38 所示。

图 5-3-38 Show 属性

（6）Hide

设置 Executed 信号时，将隐藏 Object 中参考的对象。完成时，将设置 Executed 信号，如图 5-3-39 所示。

图 5-3-39 Hide 属性

5)"本体"子组件

"本体"子组件如图 5-3-40 所示。

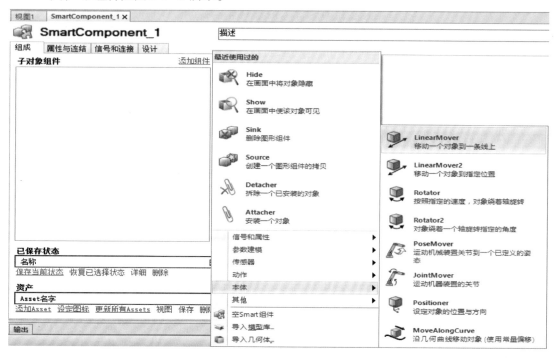

图 5-3-40 "本体"子组件

（1）LinearMover

按设定的 Speed 属性指定的速度，沿 Direction 属性中指定的方向，移动 Object 属性中参考的对象。设置 Executed 信号时开始移动，重设 Executed 时停止，如图 5-3-41 所示。

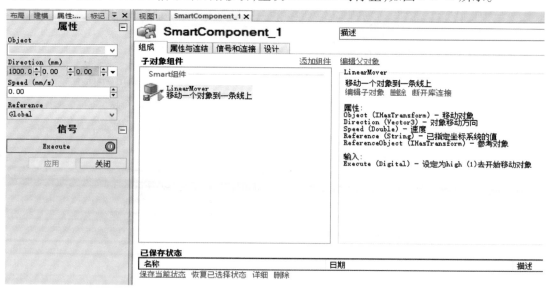

图 5-3-41 LinearMover 属性

（2）LinearMover2

将指定物体移动到指定位置,如图 5-3-42 所示。

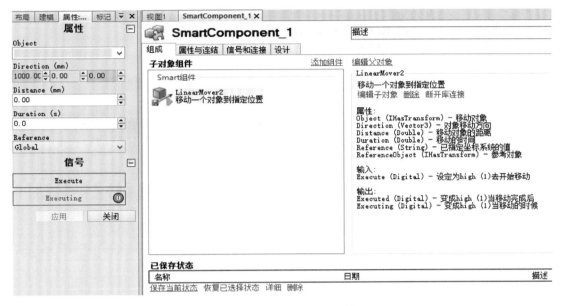

图 5-3-42　LinearMover2 属性

（3）Rotator

按设定的 Speed 属性指定的旋转速度旋转 Object 属性中的参考对象。旋转轴通过 CenterPoint 和 Axis 进行定义。设置 Executed 信号时开始移动,重设 Executed 时停止,如图 5-3-43所示。

图 5-3-43　Rotator 属性

（4）Rotator2

使指定物体绕着指定坐标轴旋转指定的角度，如图 5-3-44 所示。

图 5-3-44　Rotator2 属性

（5）PoseMover

设置 Execute 输入信号时，机械装置的关节值移向给定姿态。达到给定姿态时，设置 Executed 输出信号，如图 5-3-45 所示。

图 5-3-45　PoseMover 属性

（6）JointMover

JointMover 属性包含机械装置、关节值和执行时间等属性。当设置 Execute 信号时,机械装置的关节向给定的位置移动。当关节到达给定的位置时,Executed 输出信号。使用 GetCurrent 信号可以重新找回机械装置当前的关节值,如图 5-3-46 所示。

图 5-3-46　JointMover 属性

（7）Positioner

Positioner 属性包含对象、位置和方向属性。当设置 Execute 信号时,开始将对象向相对于 Rerference 的给定位置移动。完成时设置 Executed 输出信号,如图 5-3-47 所示。

图 5-3-47　Positioner 属性

6)"其他"子组件

"其他"子组件如图 5-3-48 所示。

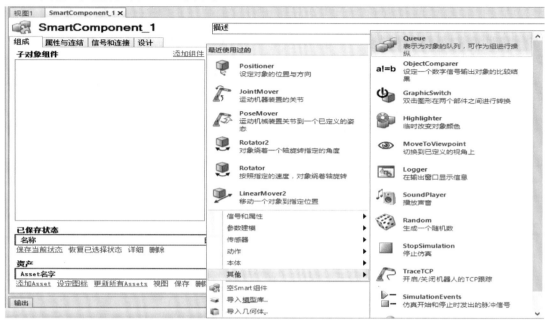

图 5-3-48 "其他"子组件

(1) Queue

Queue 表示 FIFO(first in,first out)队列。当信号 Enqueue 被设置时,在 Back 中的对象将被添加到队列中。队列前端对象将显示在 Front 中。当设置 Dequeue 信号时,Front 对象将从队列中移除。如果队列中有多个对象,下一个对象将显示在前端。如果 Transformer 组件以 Queue 组件作为对象,该组件将转换 Queue 组件中的内容而非 Queue 组件本身,如图 5-3-49 所示。

图 5-3-49 Queue 属性

（2）ObjectComparer

设定一个数字信号输出对象的比较结果。比较 ObjectA 是否与 ObjectB 相同，如图 5-3-50 所示。

图 5-3-50　ObjectComparer 属性

（3）GraphicSwitch

通过双击图形中的可见部件或设置输入信号在两个部件之间进行转换，如图 5-3-51 所示。

图 5-3-51　GraphicSwitch 属性

建立模型视图如图 5-3-52 所示。

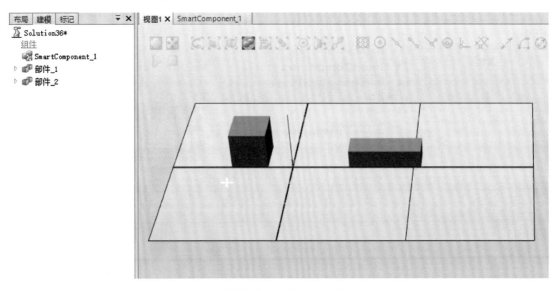

图 5-3-52　建立模型视图

Input 设置为 0 时部件 1 可见,如图 5-3-53 所示。

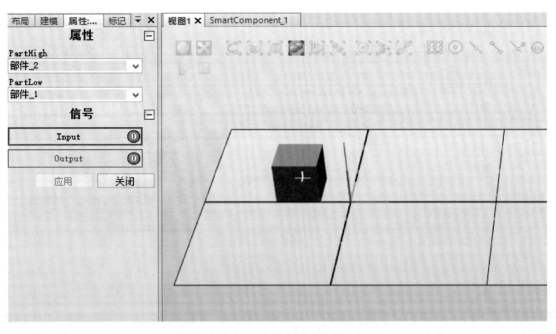

图 5-3-53　Input 设置为 0 时部件 1 可见

Input 设置为 1 时部件 2 可见，如图 5-3-54 所示。

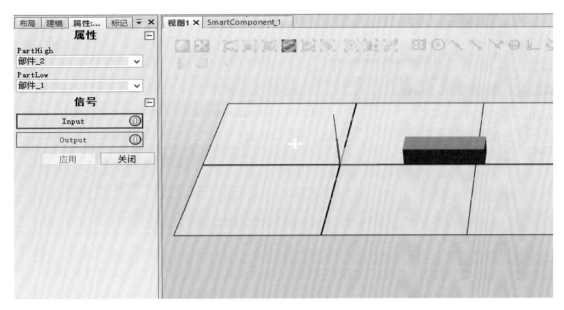

图 5-3-54　Input 设置为 1 时部件 2 可见

（4）Highlighter

临时将所选对象显示为定义了 RGB 值的高亮色彩。高亮色彩混合了对象的原始色彩，通过 Opacity 进行定义。当信号 Active 被重设时，对象恢复原始色彩，如图 5-3-55 所示。

图 5-3-55　Highlighter 属性

（5）Logger

打印输出窗口的信息，如图 5-3-56 所示。

图 5-3-56　Logger 属性

（6）Random

当 Execute 被触发时，生成最大值与最小值之间的任意值，如图 5-3-57 所示。

图 5-3-57　Random 属性

（7）StopSimulation

当设置了输入信号 Execute 时，仿真停止，如图 5-3-58 所示。

图 5-3-58　StopSimulation 属性

（8）SimulationEvents

在仿真开始与停止时，发出脉冲信号，如图 5-3-59 所示。

图 5-3-59　SimulationEvents 属性

2　课后练习

Smart 组件的数量、功能都比较多，有的意义相差很近，需要学生去仔细理解它们的具体含义。本任务要求学生能够在 RobotStudio 仿真软件上进行练习，并在实际操作中理解这些组件的功能。

3 教学质量检测

任务书 5-3-1

项目 名称	Smart 组件的应用			任务 名称	Smart 组件——子组件概览		
班级		姓名		学号		组别	
任务 内容	本次任务的学习内容是 Smart 组件"信号和属性""参数建模""传感器""动作""本体""其他"6 个子组件包含的内容及应用						
任务 目标	1.掌握 6 个子组件所包含的内容 2.能够练习操作使用子组件			掌握情况		1.了解 2.熟悉 3.熟练掌握	
任务 实施 总结							
教师 评价							

项目六

带导轨和变位机的机器人系统创建与应用

任务一　创建带导轨的机器人系统

1　任务描述

在工业应用过程中,为机器人系统配备导轨,可大大增加机器人的工作范围,其在处理多工位及较大工件时有着广泛的应用。在本任务中,将练习如何在RobotStudio软件中创建带导轨的机器人系统,创建简单的轨迹并仿真运行。

2　技能训练

创建带导轨的机器人系统,并通过示教目标点创建运行轨迹,培养学生组合设备运行操作的技能。

1)在工作站导入相应的设备

创建工作站如图6-1-1所示。

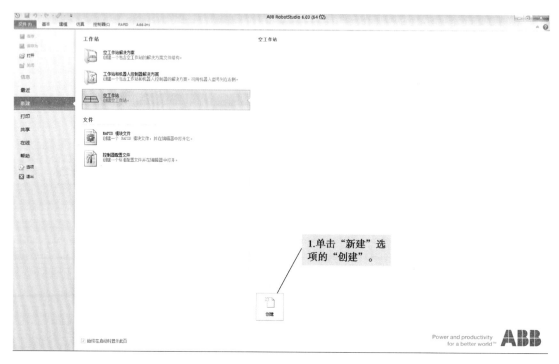

1.单击"新建"选项的"创建"。

图 6-1-1　创建工作站

导入 **IRB1410** 机器人模型如图 **6-1-2** 所示。

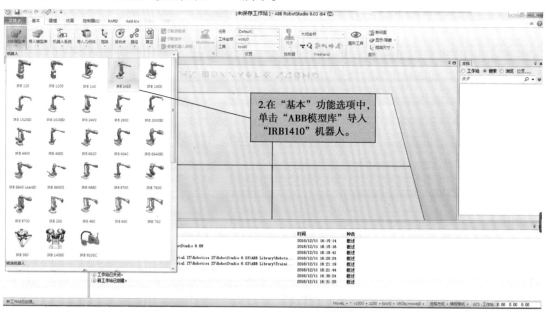

2.在"基本"功能选项中，单击"ABB模型库"导入"IRB1410"机器人。

图 6-1-2　导入 IRB1410 机器人模型

机器人模型选择实验室常见的 IRB1410 机器人。IRB1410 机器人具有弧焊、装配、上胶/密封、机械管理、物料搬运等多种生产应用功能,如图 6-1-3 所示。

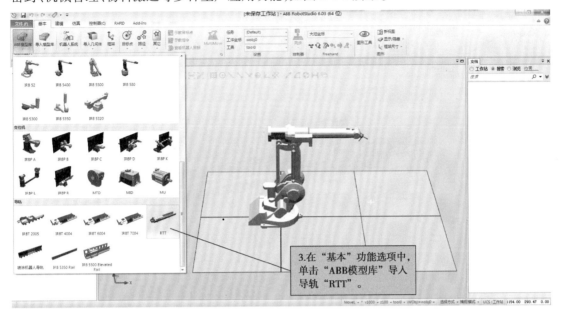

图 6-1-3　导入机器人导轨 RTT

RTT 设置如图 6-1-4 所示。

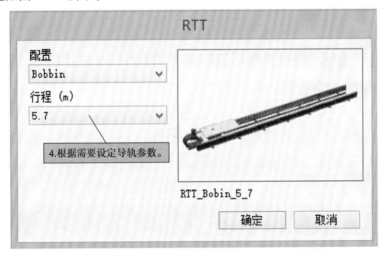

图 6-1-4　RTT 设置

机器人安放如图 6-1-5 所示。

更新位置选项设置如图 6-1-6 所示。

"ABB RobotStudio"选项设置如图 6-1-7 所示。

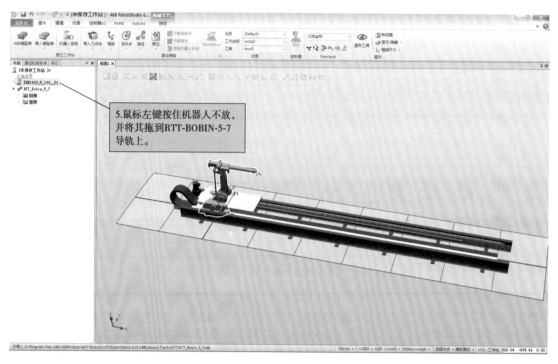

图 6-1-5 机器人的安放

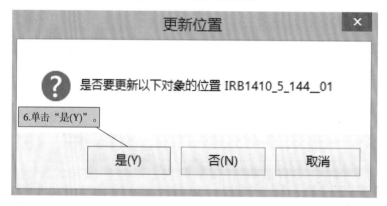

图 6-1-6 更新位置选项设置

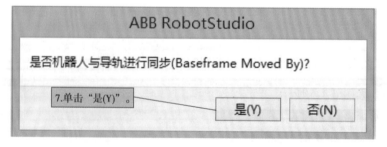

图 6-1-7 "ABB RobotStudio"选项设置

加载机器人工具界面如图 6-1-8 所示。

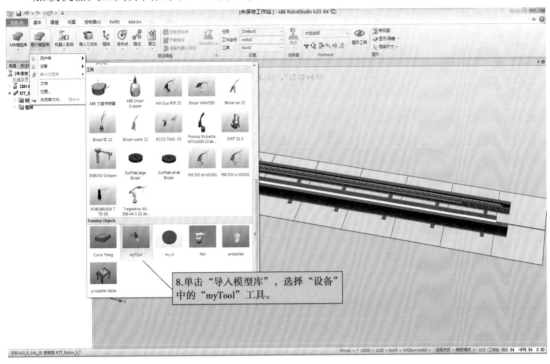

图 6-1-8 加载机器人工具

鼠标左键选中"myTool"工具不放,并将其拖到 IRB1410 机器人上,出现以下菜单,单击"是"即可完成加工工具的安装操作,如图 6-1-9 所示。

图 6-1-9 "更新位置"选项

2)生成机器人系统

选择好相应的设备并安装完成后,用户可以单击机器人系统,选择"从布局…"创建机器人系统。选择"从布局…"创建机器人系统在创建的过程中,会自动添加相应的控制选项以及驱动选项,不需要自己配置,如图 6-1-10 所示。

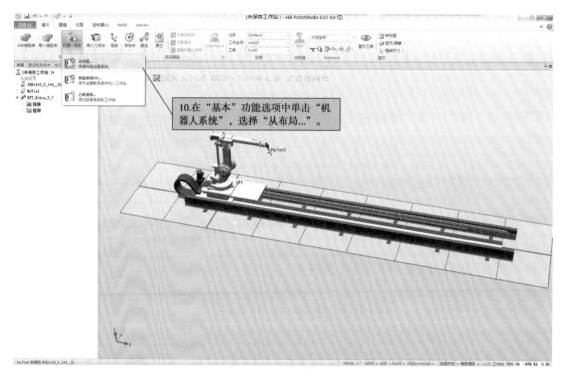

图 6-1-10　生成机器人系统

修改系统名称如图 6-1-11 所示。

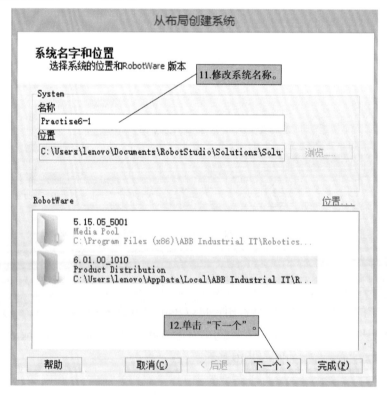

图 6-1-11　修改系统名称

选择机械装置如图 6-1-12 所示。

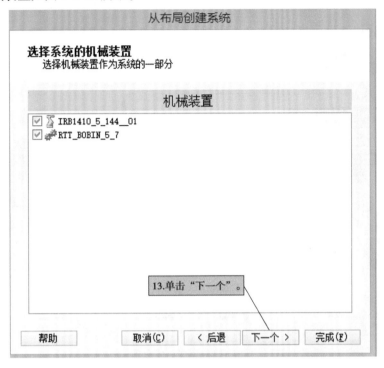

图 6-1-12 选择机械装置

选择控制器如图 6-1-13 所示。

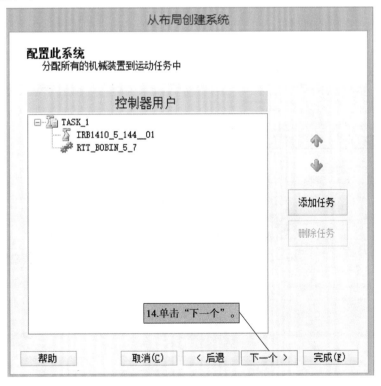

图 6-1-13 选择控制器

完成系统创建如图 6-1-14 所示。

图 6-1-14　完成系统创建

3）生成仿真运行轨迹

用户根据需要创建几个示教目标点，建立仿真运行程序，观察机器人与导轨同步运行。机器人和导轨都处于坐标的机械原点，用户记录这个位置为第一个示教目标点，如图 6-1-15 所示。

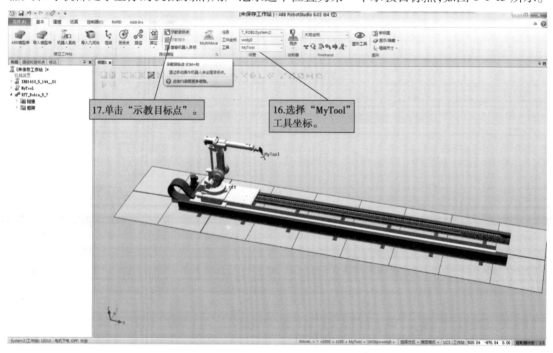

图 6-1-15　创建第一个示教目标点

通过"手动关节"与"手动线性"移动导轨和机器人位置到如图 6-1-16 所示位置,单击"示教目标点"并记录该点的位置,如图 6-1-16 所示。

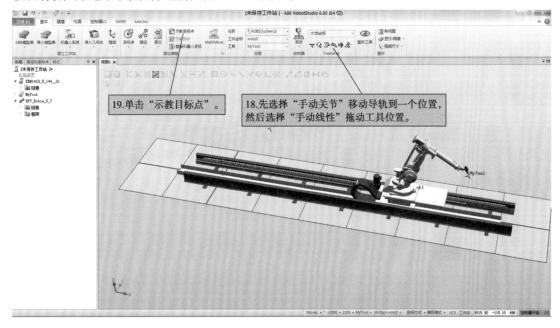

图 6-1-16　创建第二个示教目标点

将运动指令参数修改为:关节运动指令 MoveJ,运行速度设置为 V100,转角半径设置为 z5,如图 6-1-17 所示,然后选中示教目标点,生成运行轨迹。

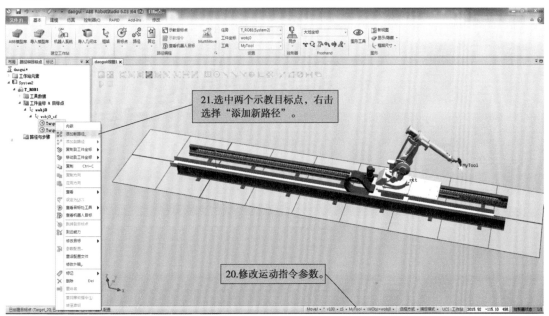

图 6-1-17　生成运动路径

配置运动轨迹参数如图 6-1-18 所示。

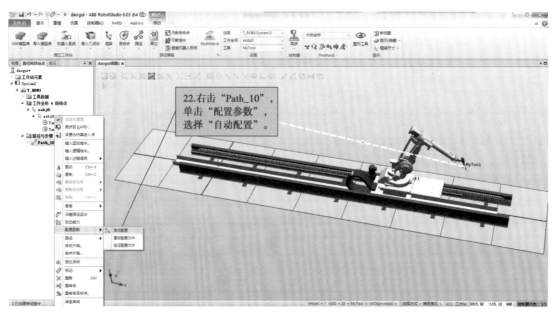

图 6-1-18　配置运动轨迹参数

同步到 RAPID 如图 6-1-19 所示。

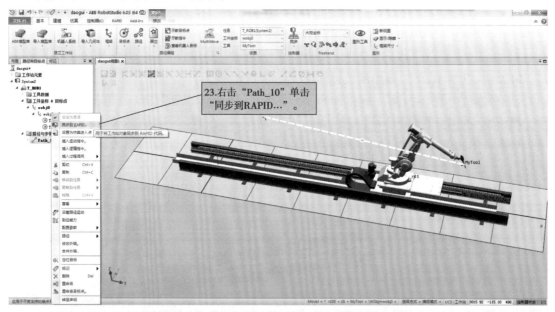

图 6-1-19　同步到 RAPID

同步程序选项如图 6-1-20 所示。

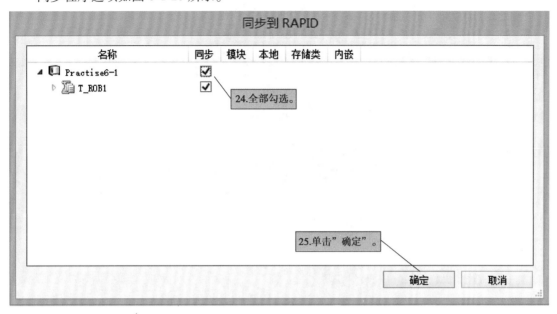

图 6-1-20 同步程序选项

仿真设定如图 6-1-21 所示。

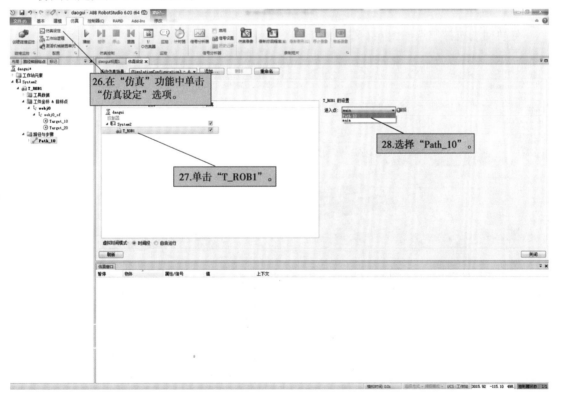

图 6-1-21 仿真设定

机器人回原点如图 6-1-22 所示。

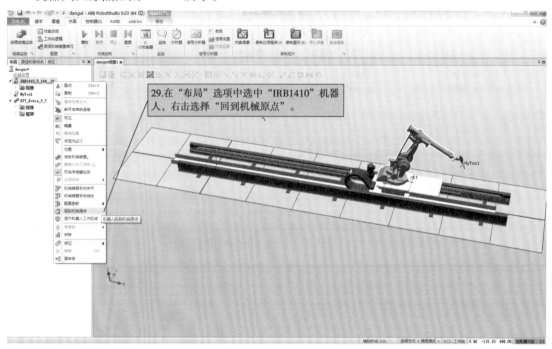

图 6-1-22　机器人回原点

导轨回到机械原点如图 6-1-23 所示。

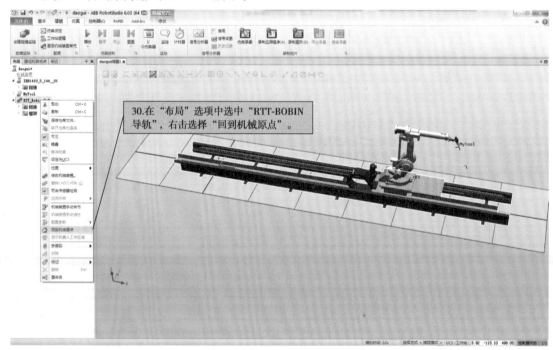

图 6-1-23　导轨回到机械原点

轨迹运行仿真播放如图 6-1-24 所示。

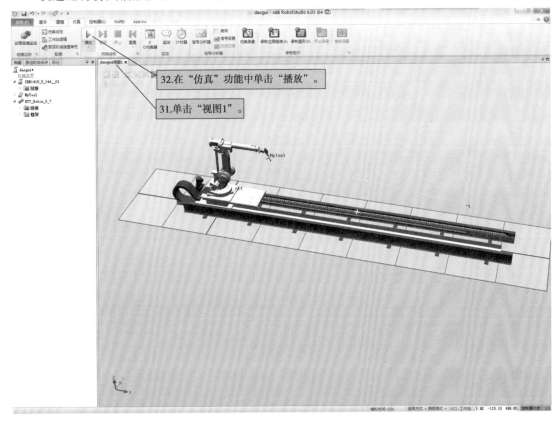

图 6-1-24　轨迹运行仿真播放

3　课后练习

①机器人系统配合导轨运行会有哪些变化?

②练习创建带导轨的机器人系统的操作。

4　教学质量检测

任务书 6-1-1

项目 名称	带导轨和变位机的机器人系统的创 建与应用	任务 名称	创建带导轨的机器人系统		
班级		姓名		学号	组别
任务 内容	学习在 RobotStudio 仿真软件中为机器人加载导轨,创建简单的运行轨迹,仿真运行机器人 在导轨上的运动				

续表

任务目标	1.加载机器人模型与导轨 2.创建运行轨迹,让机器人在导轨上运动	掌握情况	1.了解 2.熟悉 3.熟练掌握
任务实施总结			
教师评价			

任务二　创建带变位机的机器人系统

1　任务描述

在机器人应用中,变位机可改变加工工件的姿态,从而增大机器人的工作范围,在焊接、切割等领域有着广泛的应用。本任务以需要改变加工工件的姿态从而快速完成焊接任务的实践生产任务仿真训练为过程,练习创建带变位机的机器人系统。

2　技能训练

1)创建带变位机的机器人系统

以实验室常见的 IRB1410 弧焊机器人为模型创建带变位机的机器人系统,如图 6-2-1所示。

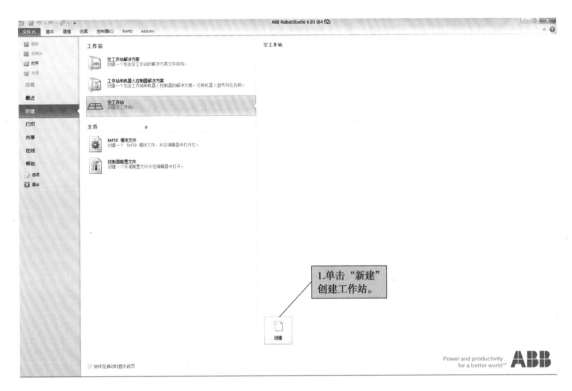

图 6-2-1　单击"新建"创建工作站

导入机器人 IRB1410 如图 6-2-2 所示。

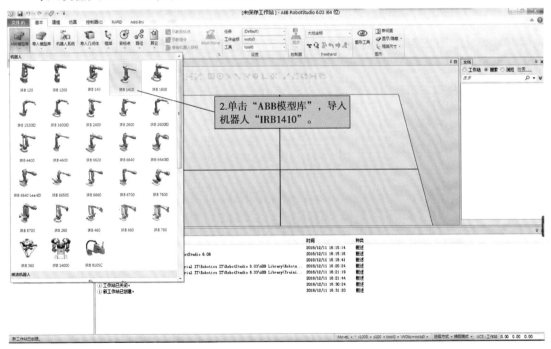

图 6-2-2　导入机器人 IRB1410

2）设定机器人的位置并创建机器人基座垫块

设定机器人的位置如图 6-2-3 所示。

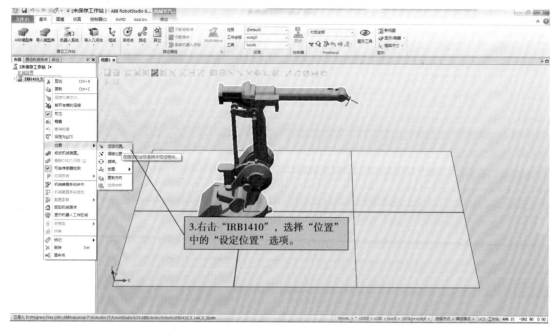

图 6-2-3　设定机器人位置

为了配合变位机的位置摆放，可将机器人的底座向 Z 轴正方向移动"400"，如图 6-2-4 所示。

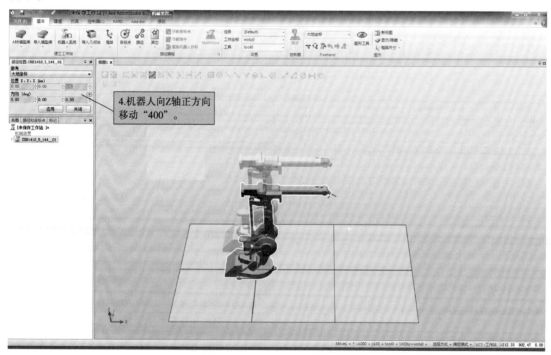

图 6-2-4　设定位置参数

创建机器人底座模块如图 6-2-5 所示。

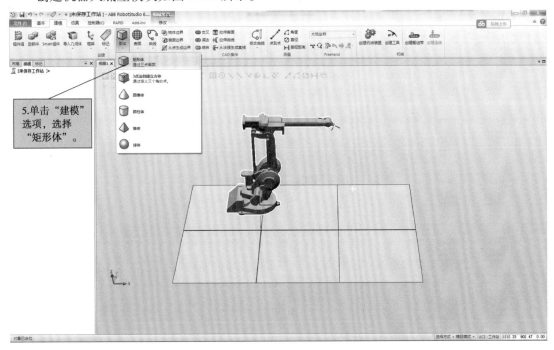

图 6-2-5　创建机器人底座模块

设置基座垫块参数如图 6-2-6 所示。

图 6-2-6　设置基座垫块参数

修改基座颜色如图 6-2-7 所示。

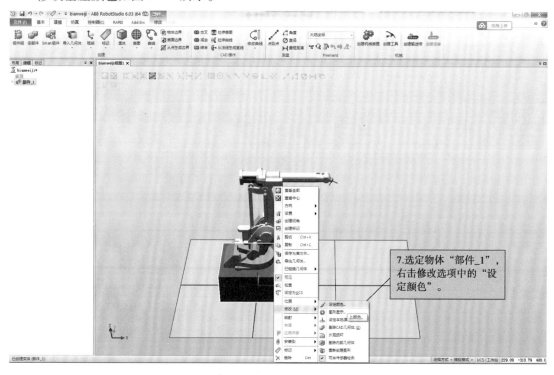

7.选定物体"部件_1"，右击修改选项中的"设定颜色"。

图 6-2-7　修改基座颜色

选定基座垫块颜色如图 6-2-8 所示。

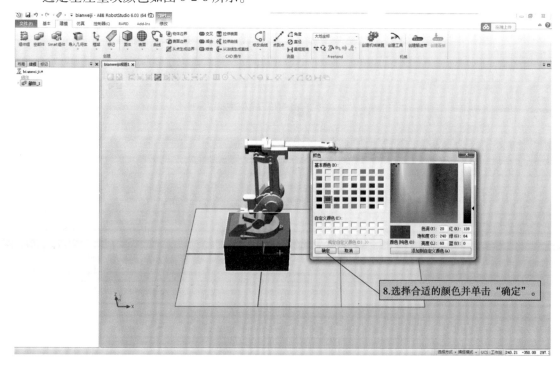

8.选择合适的颜色并单击"确定"。

图 6-2-8　选定基座垫块颜色

加载加工工具如图 6-2-9 所示。

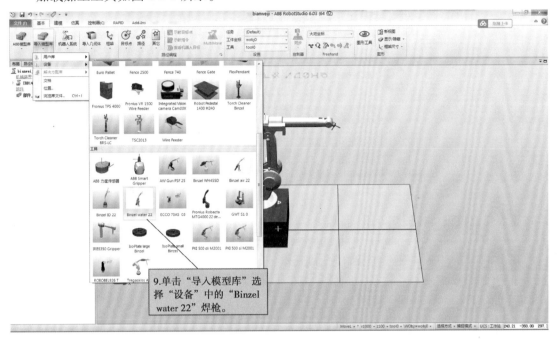

9.单击"导入模型库"选择"设备"中的"Binzel water 22"焊枪。

图 6-2-9 加载加工工具

安装加工工具如图 6-2-10 所示。

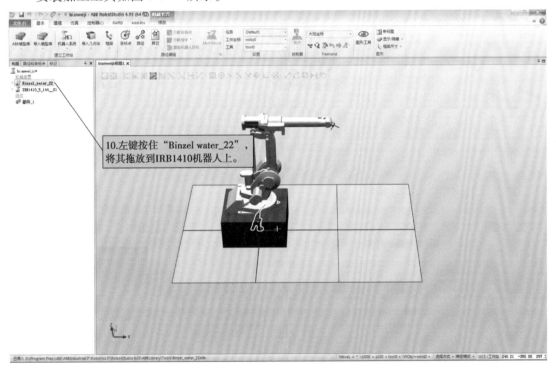

10.左键按住"Binzel water_22",将其拖放到IRB1410机器人上。

图 6-2-10 安装加工工具

"更新位置"选项设置如图 6-2-11 所示。

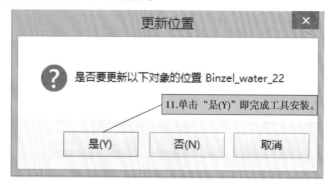

图 6-2-11　"更新位置"选项

导入变位机设备如图 6-2-12 所示。

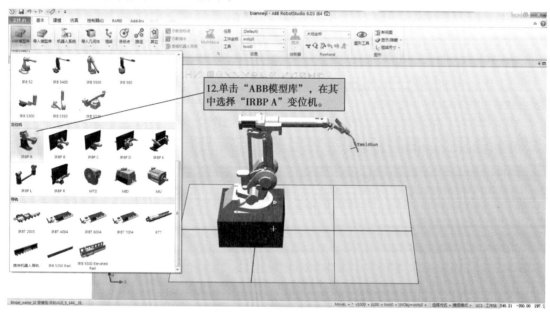

图 6-2-12　导入变位机设备

IRBP A 设置如图 6-2-13 所示。

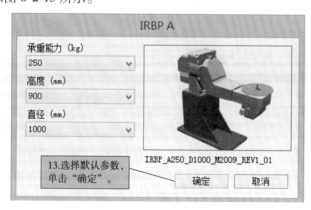

图 6-2-13　进行"IRBP A"的设置

设定变位机位置如图 6-2-14 所示。

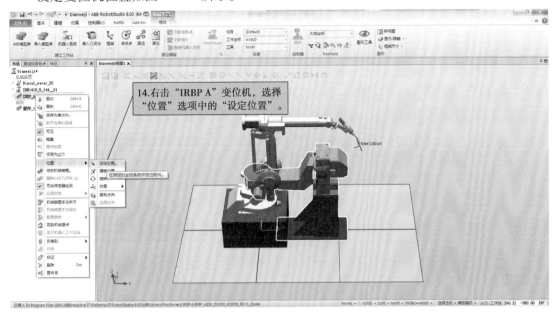

图 6-2-14　设定变位机位置

设置变位机位置参数如图 6-2-15 所示。

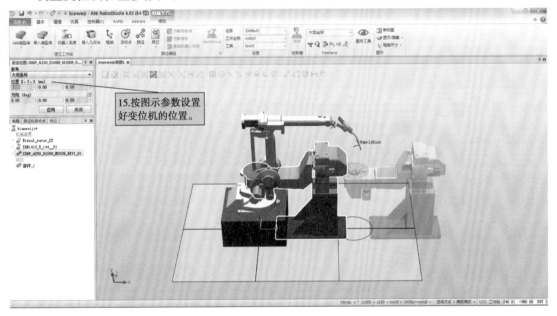

图 6-2-15　设置变位机位置参数

导入加工对象如图 6-2-16 所示。

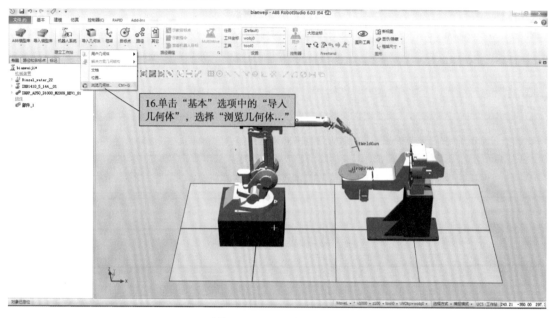

图 6-2-16　导入加工对象

加载的 3D 模型可以是系统自带的,也可以是通过建模创建的,同时也可以是用户事先创建好的 3D 模型,如图 6-2-17 所示。

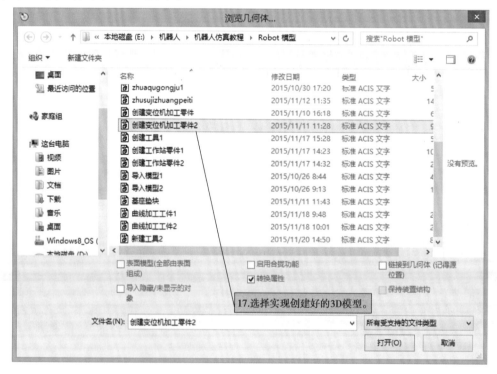

图 6-2-17　选择 3D 加工模型

将加工对象安放到变位机上,如图 6-2-18 所示。

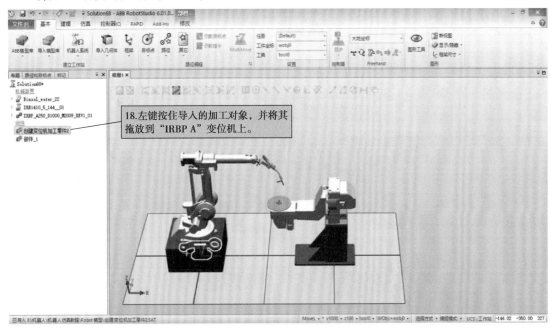

图 6-2-18　将加工对象安放到变位机上

更新位置选项如图 6-2-19 所示。

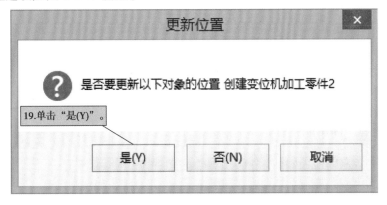

图 6-2-19　"更新位置"选项

生成机器人系统如图 6-2-20 所示。

生成机器人系统:修改好名称(为了通用性和保存的有效性,生成系统的名字一般写成英文),选择默认的机械装置与控制器,完成机器人系统的创建,如图 6-2-21—图 6-2-24 所示。

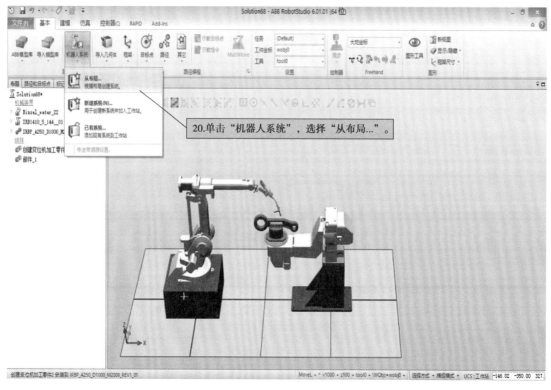

图 6-2-20　生成机器人系统

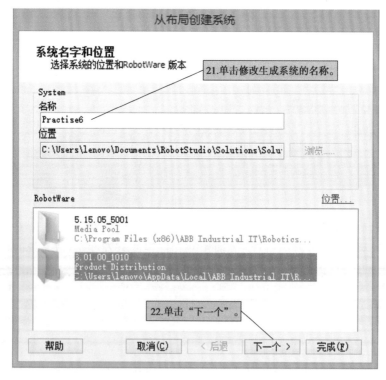

图 6-2-21　修改机器人系统名字

图 6-2-22　确定机械装置

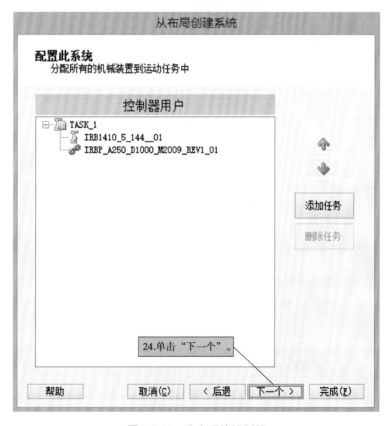

图 6-2-23　确定系统控制器

图 6-2-24　完成系统的生成

3)创建机器人运行轨迹参数及运行程序

(1)激活变位机机械装置单元

说明:在带变位机的机器人系统中示教目标点时,需要保证变位机是激活状态,这样才可以同时将变位机的数据记录下来,如图 6-2-25 所示。

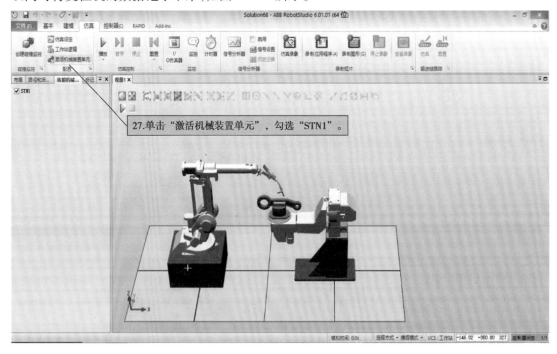

图 6-2-25　激活变位机

（2）创建运行轨迹示教目标点

调整工具姿态如图 6-2-26 所示。

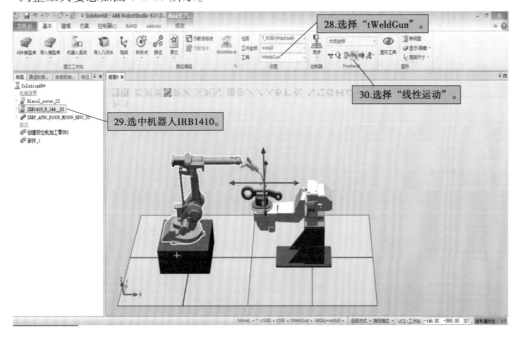

图 6-2-26 调整工具姿态

在重定位运动模式下调整工具姿态，使其大致垂直于加工对象安放平台，如图 6-2-27、图 6-2-28 所示。

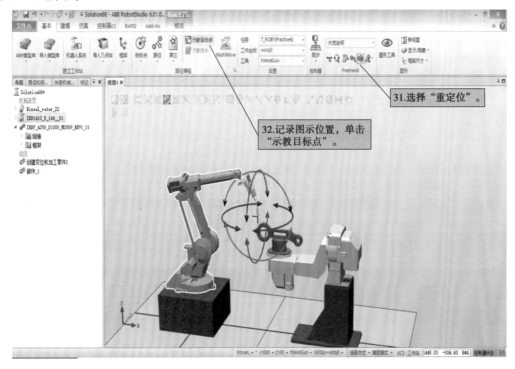

图 6-2-27 创建第一个示教目标点

图 6-2-28　调整变位机姿态

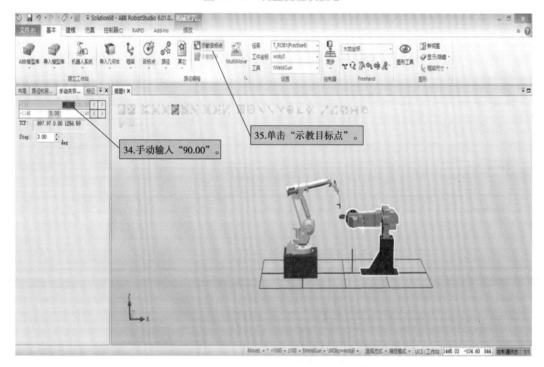

图 6-2-29　创建第二个示教目标点

　　将关节参数设置为"90°",单击"示教目标点"记录第二个运动轨迹位置,如图 6-2-29
所示。

工具接近加工对象如图 6-2-30 所示。

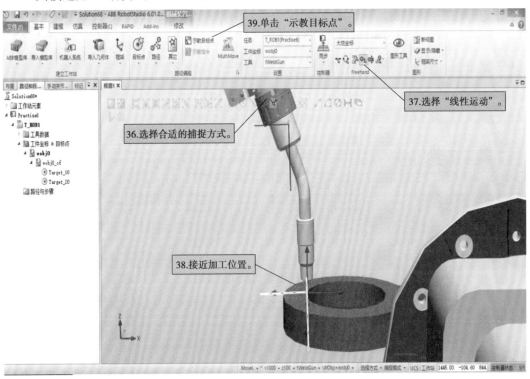

图 6-2-30　工具接近加工对象

通过线性运动,依次在需要加工的圆弧上捕捉 5 个点,如图 6-2-31 所示。

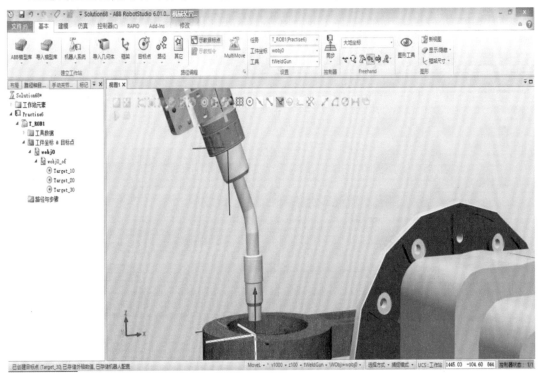

图 6-2-31　创建第三个示教目标点

（3）创建运行轨迹路径

完成运动路径的创建如图 6-2-32 所示。

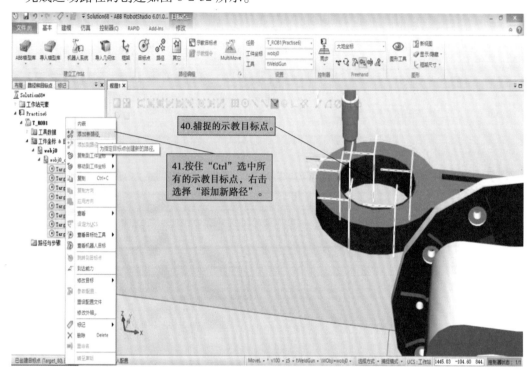

图 6-2-32　完成运行路径的创建

添加运动指令如图 6-2-33 所示。

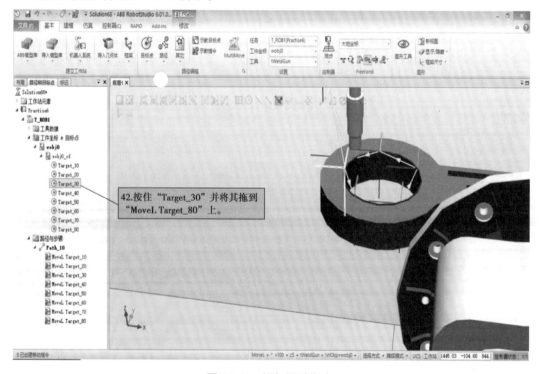

图 6-2-33　添加运动指令

依次将"Target_20""Target_10"拖放到对应位置,完成运动指令的添加,如图6-2-34所示。

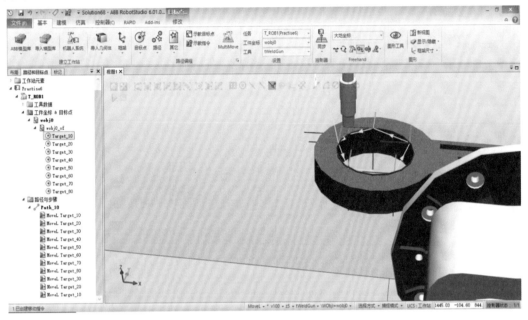

图 6-2-34　完成运动指令的添加

根据实际情况将直线运动指令修改为圆弧运动指令,如图6-2-35所示的"MoveL Target_40""MoveL Target_50""MoveL Target_60""MoveL Target_70""MoveL Target_80""MoveL Target_30"。

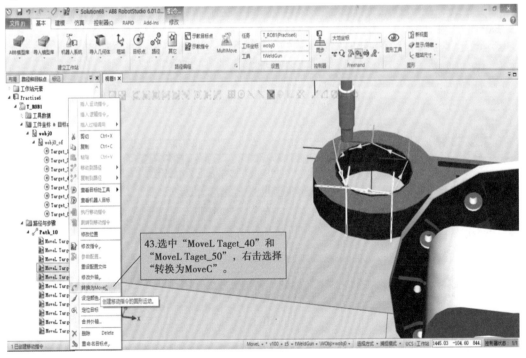

图 6-2-35　修改相应的运动指令 1

将第一条"MoveL Target_10"、第二条"MoveL Target_20"以及最后一条"MoveL Target_10"运动指令修改为"MoveJ Target_10""MoveL Target_20""MoveL Target_10"运动指令,如图6-2-36、图6-2-37 所示。

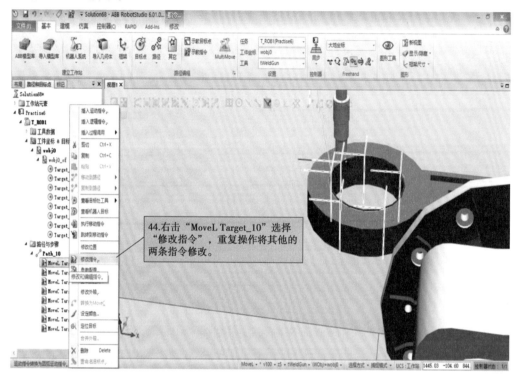

图 6-2-36　修改相应的运动指令 2

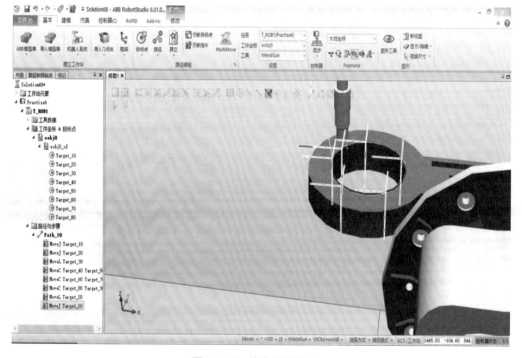

图 6-2-37　修改运动指令 3

将加工工件表面起始位置的运动半径设置为"fine"，将"MoveL Target_30"以及"Move Target_80 Target_30"运动转弯半径设置为"fine"，如图 6-2-38 所示。

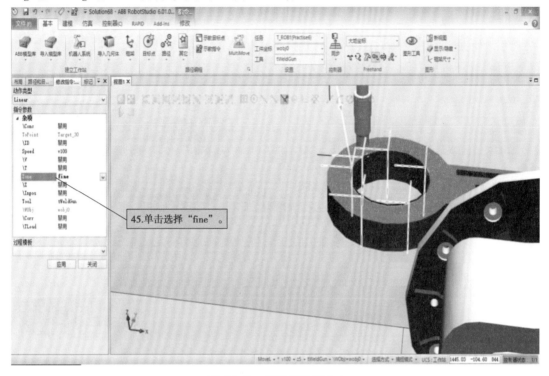

图 6-2-38　修改运动指令 4

添加逻辑指令的目的是控制变位机的激活与失效，如图 6-2-39—图 6-2-44 所示。

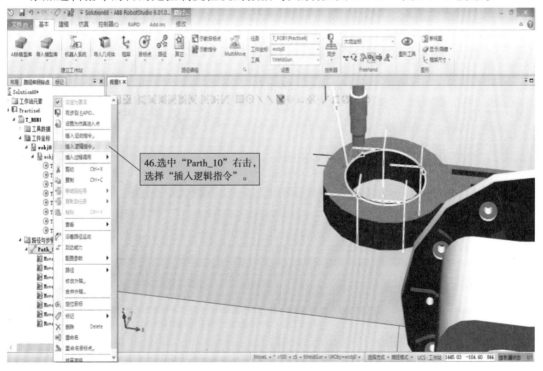

图 6-2-39　插入逻辑指令 1

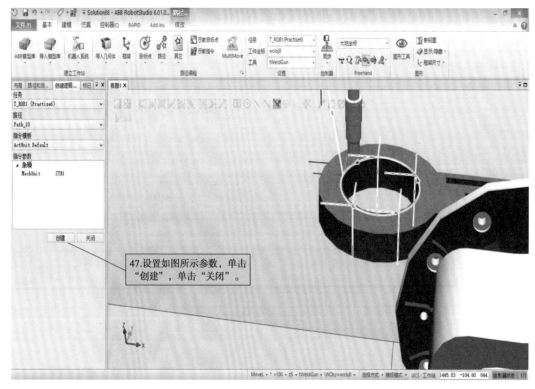

图 6-2-40　插入逻辑指令 2

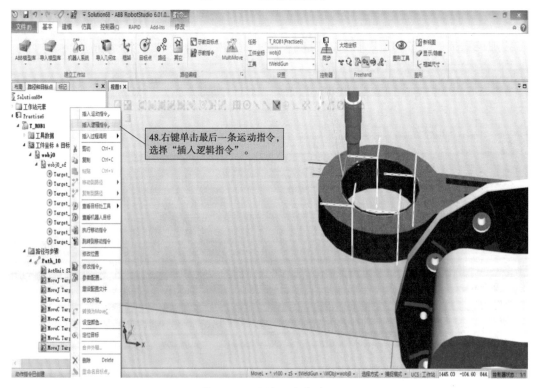

图 6-2-41　插入逻辑指令 3

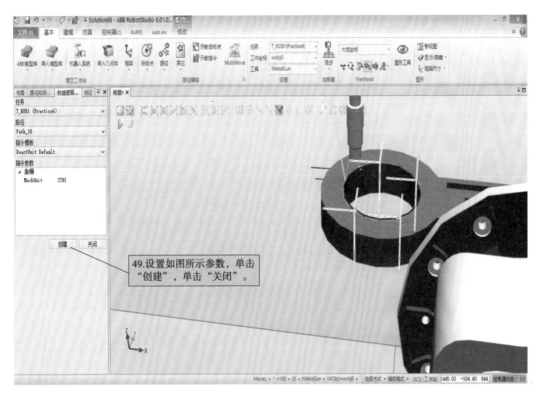

图 6-2-42　插入逻辑指令 4

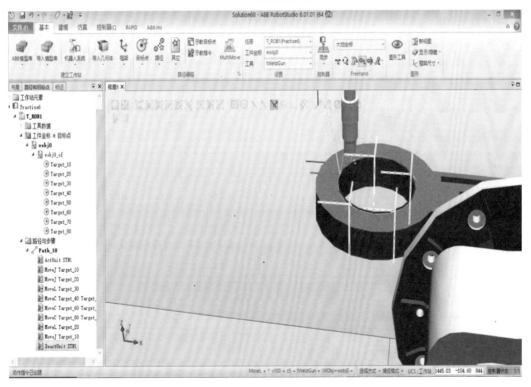

图 6-2-43　完成好的运行程序指令

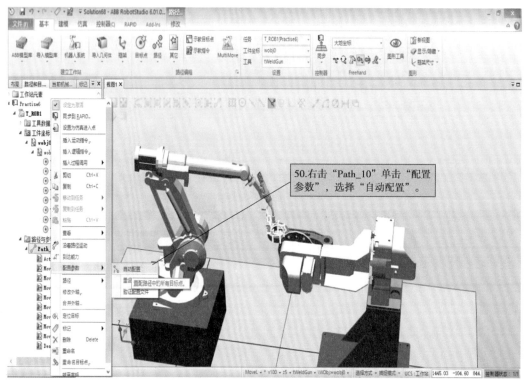

图 6-2-44　运行轨迹配置参数

4) 仿真运行

仿真运行如图 6-2-45—图 6-2-48 所示。

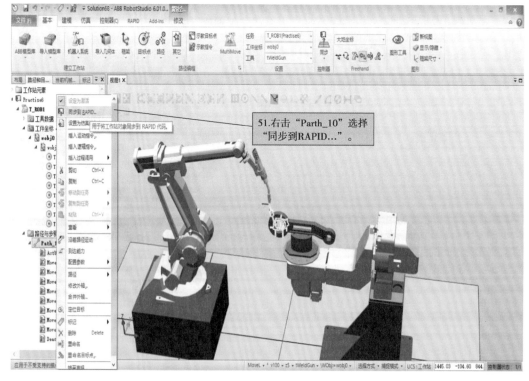

图 6-2-45　同步到 RAPID

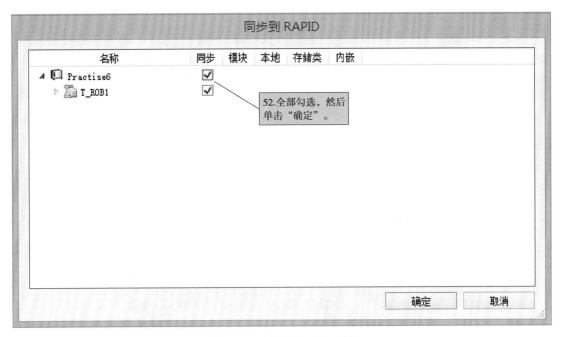

图 6-2-46 同步到 RAPID 设置

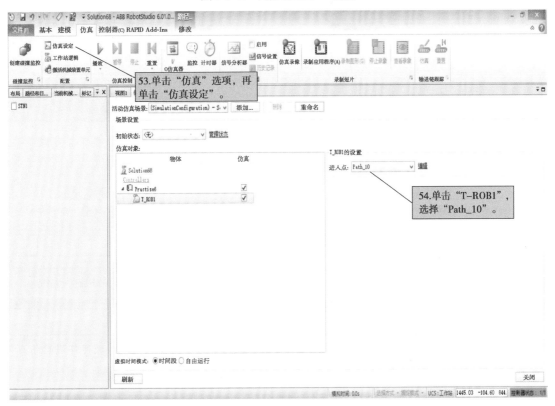

图 6-2-47 仿真设定

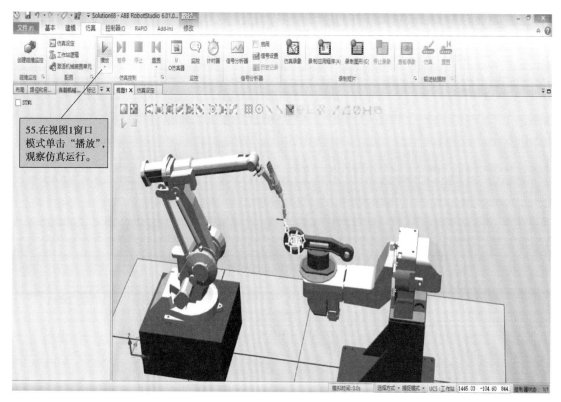

55.在视图1窗口模式单击"播放"，观察仿真运行。

图 6-2-48　仿真播放

3　课后练习

①运用变位机系统主要是解决机器人生产运用哪些方面的问题？
②如何让机器人系统与变位机系统产生联动效果？
③独自完成带变位机的机器人系统的创建。

4　教学质量检测

任务书 6-2-1

项目名称	带导轨和变位机的机器人系统的创建与应用		任务名称	创建带变位机的机器人系统	
班级		姓名		学号		组别	
任务内容	学习创建带变位机的机器人系统。为变位机上的加工零件创建运行轨迹并进行仿真运行				
任务目标	1.了解变位机的应用 2.学会创建带变位机的机器人系统		掌握情况	1.了解 2.熟悉 3.熟练掌握	

续表

任务 实施 总结	
教师 评价	

项目七

RobotStudio **仿真软件的虚拟示教器**

任务一 打开虚拟示教器并进行手动操纵

1 任务描述

虚拟示教器与人们的实际示教器保持了一样的操作界面,可便于同学们实训教学任务的实施。在许多情况下,用户实验的实训设备的数量并不能满足一个学生操作一台机器人的情况。仿真软件的虚拟示教器功能操作能够满足用户实训设备稀缺的情况。因此我们需要熟悉仿真软件的虚拟示教器,并在示教器上完成对机器人的操作,从而真正完成机器人的技能操作。虚拟示教器只有在创建好的工业机器人系统中才能打开。所以我们必须先创建工作站,生成机器人系统。

2 技能训练

在仿真软件中创建机器人工作站的系统,打开虚拟示教器并进行机器人的手动操作技能训练。

1)完成工作站模型的导入

工作站模型的导入如图 7-1-1—图 7-1-5 所示。

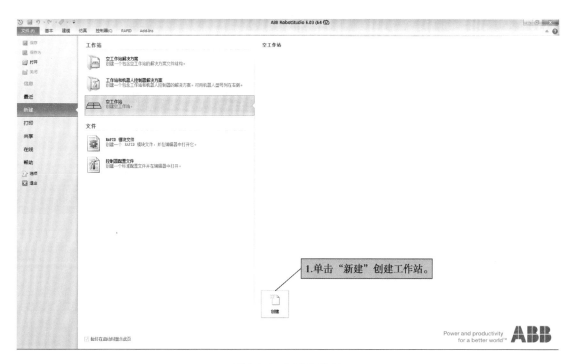

图 7-1-1　建立工作站

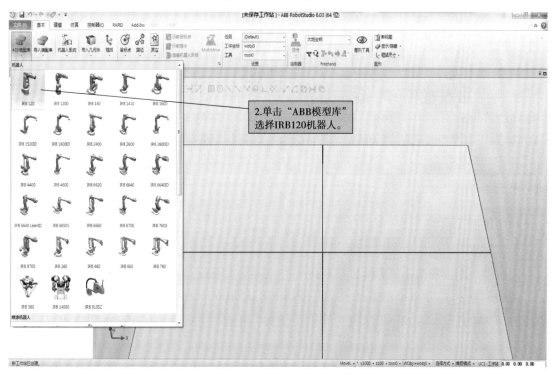

图 7-1-2　导入 IRB120 机器人模型

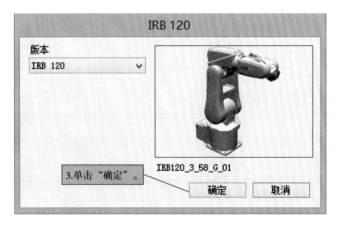

图 7-1-3　设置 IRB120 选项

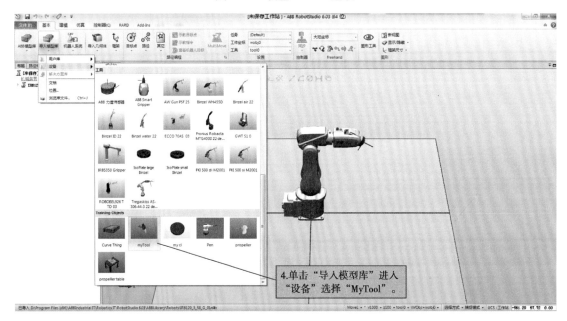

图 7-1-4　加载机器人工具

2）创建加工模型

为了方便后面的创建工具数据、共建坐标以及有效载荷数据 3 个关键程序参数的设置，可利用建模功能创建两个长方体模型替代生产中的加工对象，如图 7-1-6 所示。

用户创建的长方体模型 1 的长、宽、高分别为"400""400""300"，为了保证模型中心点在 X 轴的正方向、Y 轴方向为零，可设置"角点"坐标值为（350，−200，0），如图 7-1-7 所示。

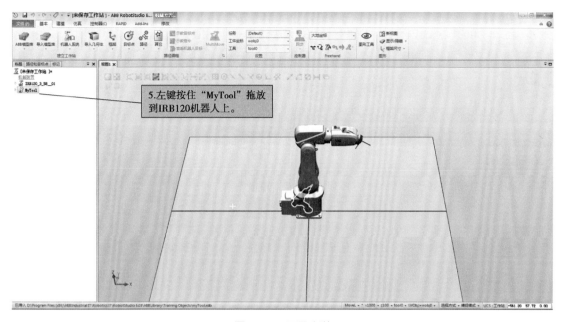

图 7-1-5 工具安装

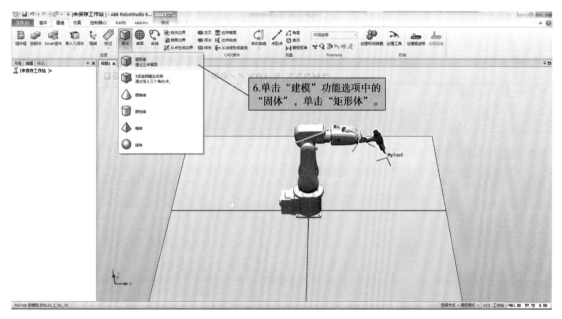

图 7-1-6 创建长方体模型 1

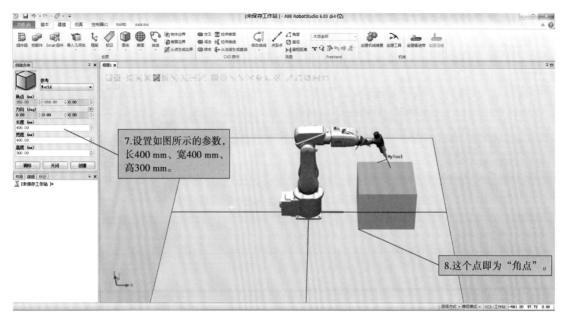

图 7-1-7　长方体模型 1 的参数设置

　　角点可以通过选择表面和捕捉中心确定角点的中心位置,然后在 X 轴和 Y 轴移动-75,所以将角点坐标设置为(475,-75,300)。

　　建立长方体模型 2,如图 7-1-8 所示。

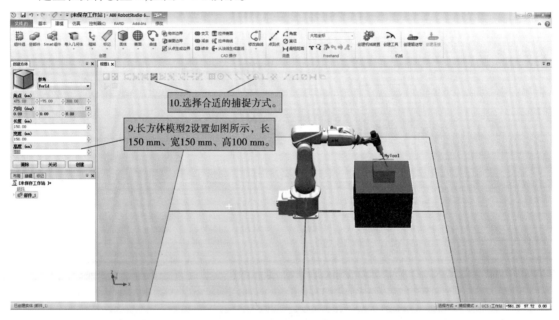

图 7-1-8　建立长方体模型 2

项目七　RobotStudio 仿真软件的虚拟示教器

为了便于观察，可将创建的模型进行颜色修改，操作如图 7-1-9 所示。

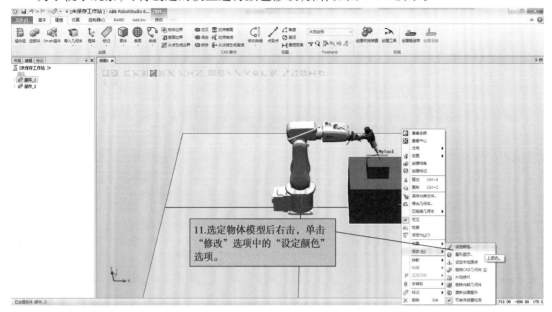

图 7-1-9　修改模型颜色

3）生成机器人系统

生成机器人系统如图 7-1-10—图 7-1-13 所示。

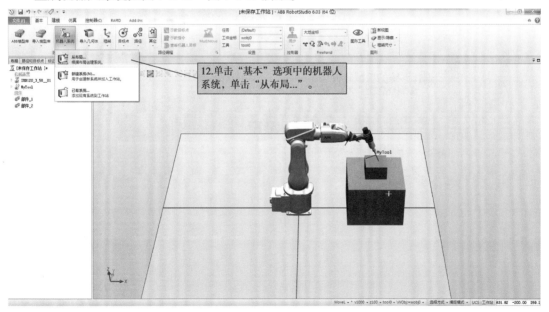

图 7-1-10　生成机器人系统

239

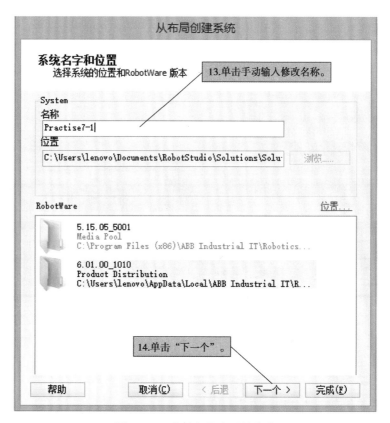

图 7-1-11　修改机器人系统名称

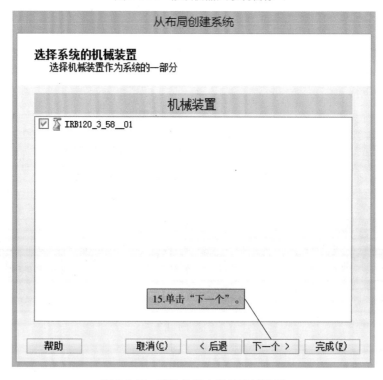

图 7-1-12　确认机器人系统机械装置

图 7-1-13　完成机器人系统参数设置

4)打开虚拟示教器并进行语言设置

打开虚拟示教器如图 7-1-14 所示。

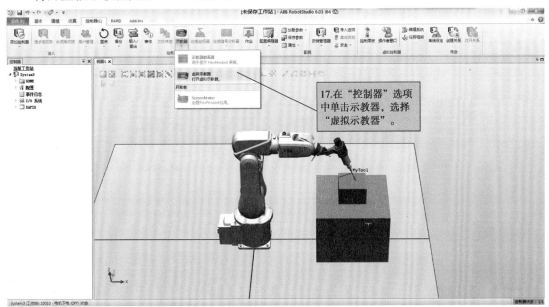

图 7-1-14　打开虚拟示教器

单击虚拟示教器，6.01 版本的 RobotStudio Ware 仿真软件虚拟示教器显示如图 7-1-15 所示。

图 7-1-15　虚拟示教器界面

虚拟示教器的手动操作模式如图 7-1-16 所示。

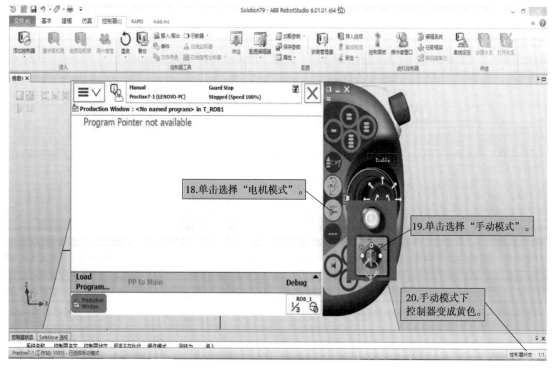

图 7-1-16　虚拟示教器的手动操作模式

　　左键单击示教器外壳的非操作部分可以移动虚拟示教器的位置,再配合工作站目标的移动,合理配置,完成示教器和机器人系统的位置摆放,如图 7-1-17 所示。

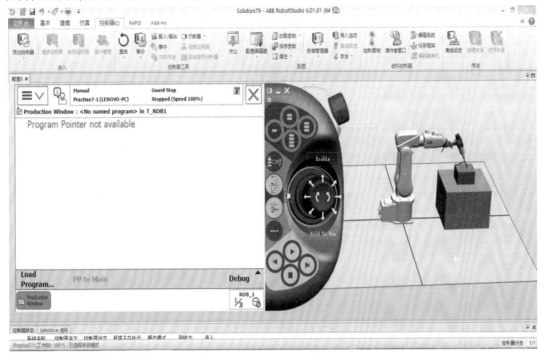

图 7-1-17　合理布局虚拟示教器

　　单击"Control Panel"选项进入控制面板界面,然后单击"Language"选项,选择所需要的中文语言"Chinese",完成示教器语言设置,如图 7-1-18—图 7-1-20 所示。

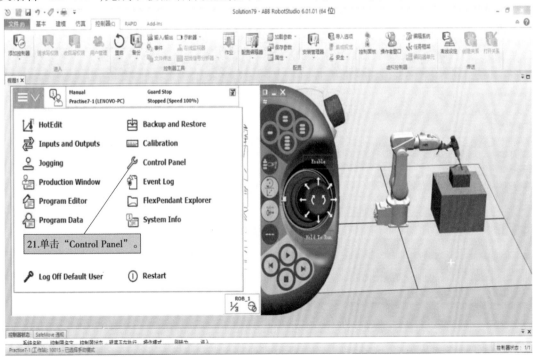

图 7-1-18　进入控制面板界面

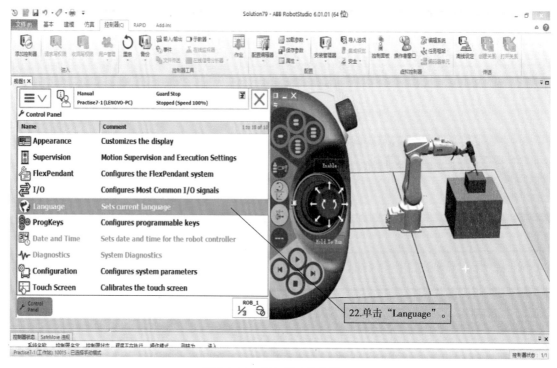

图 7-1-19　进入语言选择界面

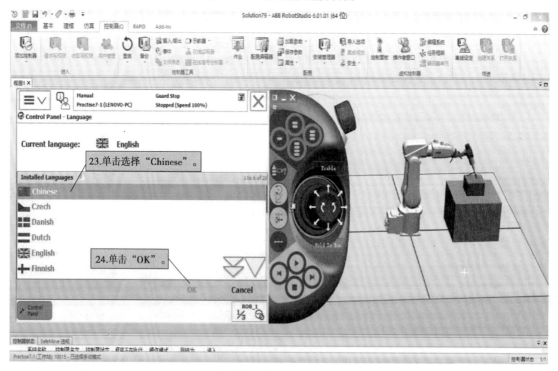

图 7-1-20　选择示教器语言

　　示教器界面将出现示教器需要重启的界面,单击"Yes"即完成示教器语言的设置,如图 7-1-21—图 7-1-23 所示。

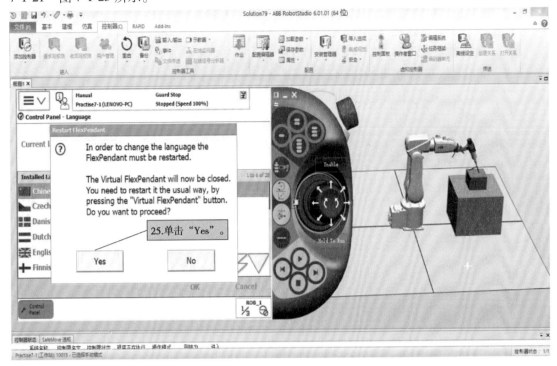

图 7-1-21　重启示教器界面

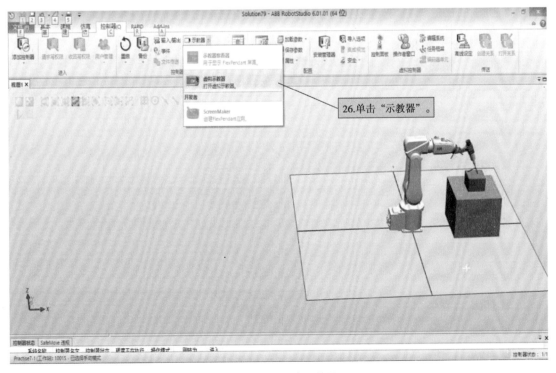

图 7-1-22　重启示教器

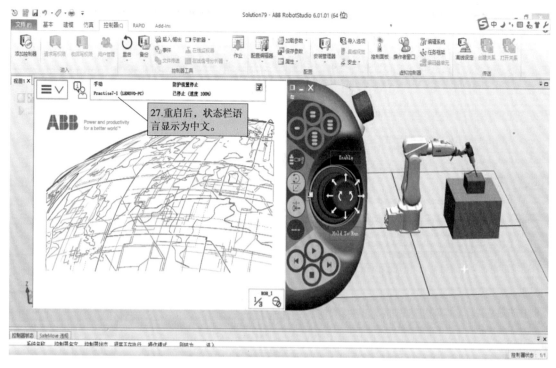

图 7-1-23　重启后的示教器界面

5）机器人的手动操纵

机器人的手动操纵如图 7-1-24、图 7-1-25 所示。

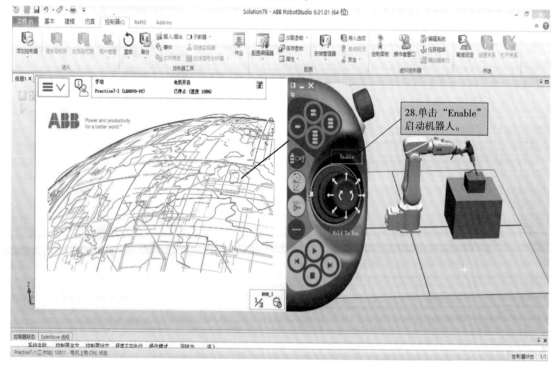

图 7-1-24　启动使能键

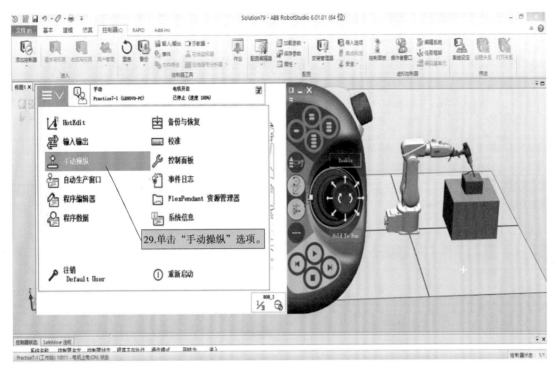

图 7-1-25　手动操纵界面

单击"手动操纵"选项后会出现如图 7-1-26 所示界面,这时用户可以根据界面的轴方向显示操纵机器人的运动,并根据轴的排列从左至右分别对轴 2、轴 1、轴 3 进行操作,同学们可以观察机器人各轴的变化情况。

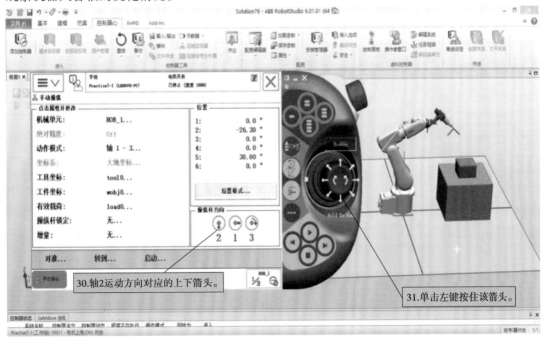

图 7-1-26　轴 2 的手动操纵

通过单击上下箭头操作轴 2 的转动情况,对比图 7-1-25 与图 7-1-26 所示机器人的状态变化来观察手动操纵。

左右箭头方向对应轴 1 的运动方向,用户单击箭头操作轴 1 旋转,如图 7-1-27 所示。

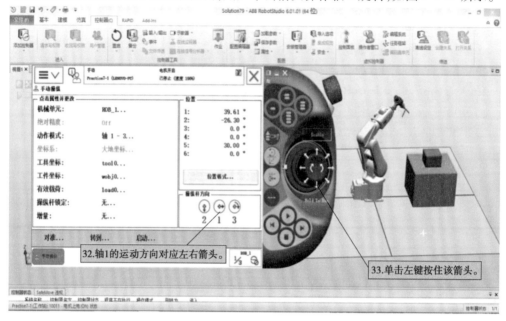

图 7-1-27 轴 1 的手动操纵

同学们可以根据"位置"数据变化对比机器人各轴的运动效果,可更直接地了解各轴的运动情况。轴 3、轴 4、轴 5、轴 6 的操作方法与轴 2、轴 1 的方法一致,这里就不再详细叙述了,具体如图 7-1-28—图 7-1-30 所示。

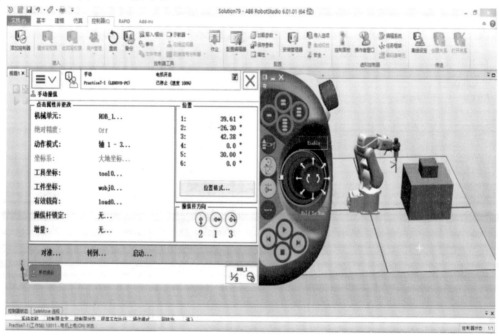

图 7-1-28 轴 3 的手动操纵

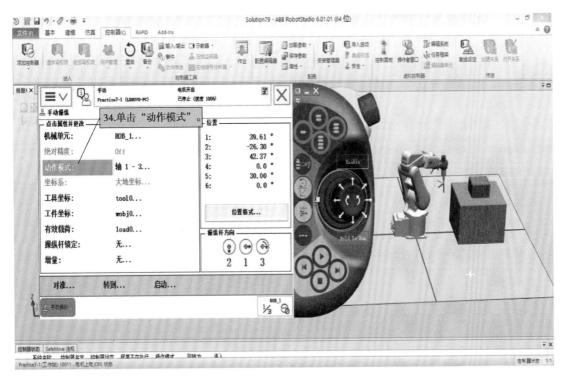

图 7-1-29　选择动作模式

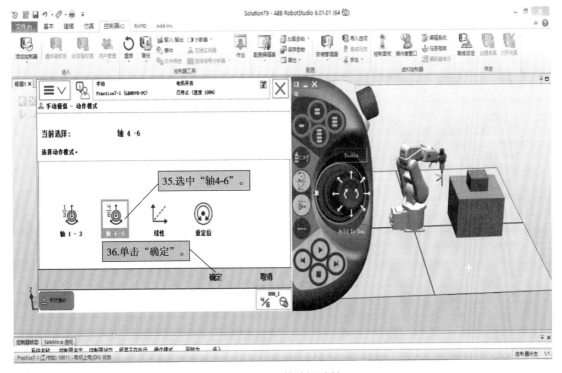

图 7-1-30　修改运动轴

选中轴 4-6 后,在操作杆方向里将出现对应的轴 5、轴 4、轴 6 的操作方向。用户可根据对应的方向在示教器操作杆对应的箭头上对机器人进行操作,如图 7-1-31—图 7-1-34 所示。

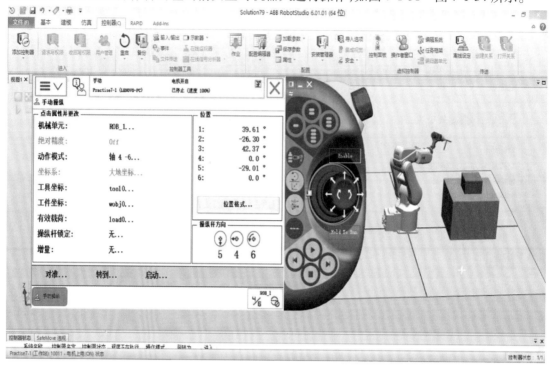

图 7-1-31　轴 5 的手动操纵

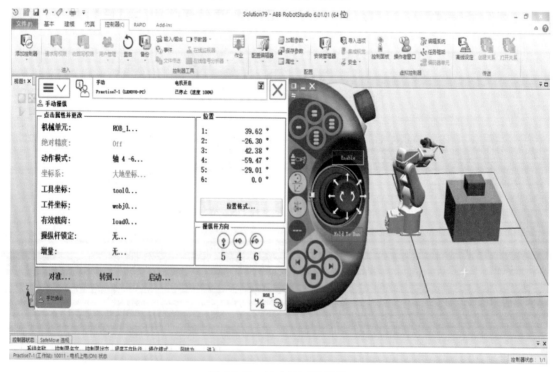

图 7-1-32　轴 4 的手动操纵

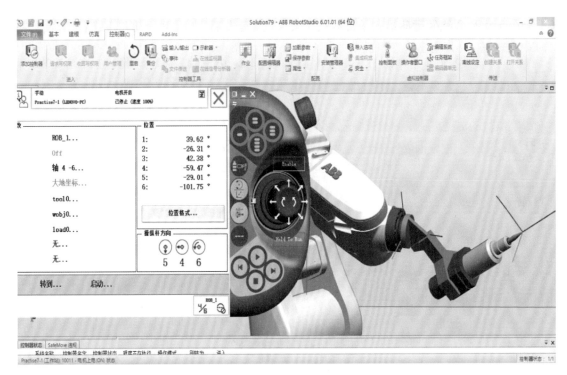

图 7-1-33　轴 6 的手动操纵

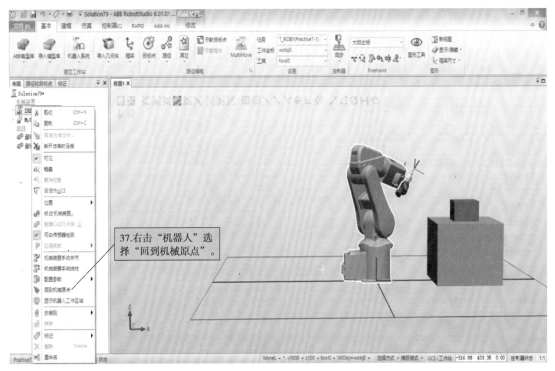

图 7-1-34　回到机械原点

　　单击"动作模式",选择"线性运动"和"重定位运动",根据操作杆箭头与对应的 X、Y、Z 方向操作。操作效果如图 7-1-35 所示。操作过程中应注意:用户的工具是"Tool0",所以运动过程中的 X、Y、Z 线性运动指的是机器人工具(法兰盘末端)的线性运动和重定位运动,如图 7-1-36、图 7-1-37 所示。

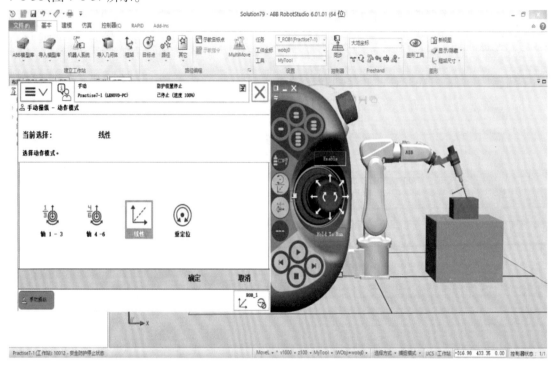

图 7-1-35　选择线性运动模式

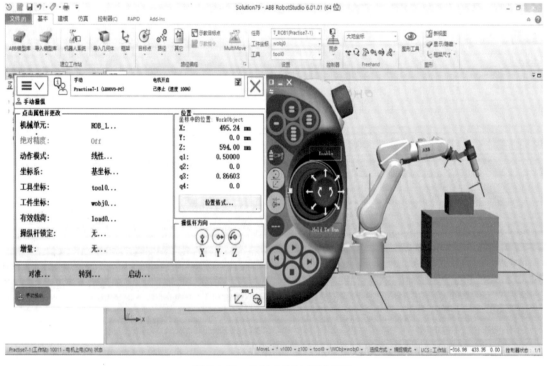

图 7-1-36　X 轴方向的线性运动

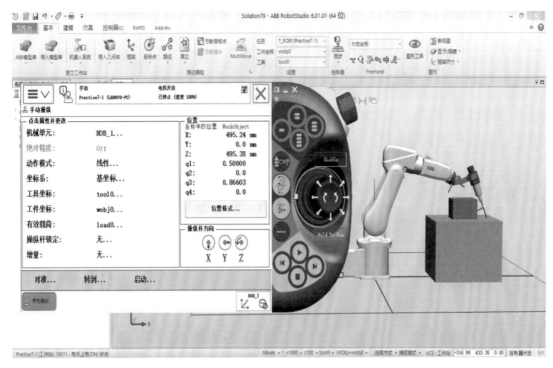

图 7-1-37　Z 轴方向的线性运动

3　课后练习

①为什么打开虚拟示教器需要创建机器人工作站。
②如何切换机器人的单轴运动模式与线性运动模式的手动操纵?
③学生独立练习虚拟示教器的手动操纵过程,提高示教器的使用能力。

4　教学质量检测

任务书 7-1-1

项目 名称	RobotStudio 仿真软件中的虚拟示教器		任务 名称	打开虚拟示教器并进行手动操纵	
班级		姓名	学号		组别	
任务 内容	本任务通过创建机器人工作站,打开虚拟示教器完成语言设置并进行单轴、线性以及重定位等手动操纵,熟悉虚拟示教器的功能与应用				
任务 目标	1.掌握如何进入虚拟示教器界面 2.通过操作虚拟示教器进行机器人的手动操纵		掌握情况	1.了解 2.熟悉 3.熟练掌握	

续表

任务 实施 总结	
教师 评价	

任务二　利用虚拟示教器模拟设定 3 个关键的程序数据

1　任务描述

用户将通过前面建立的工作站机器人系统完成 3 个关键程序数据的设定。在仿真软件中通过虚拟示教器操作机器人运动,设定工具数据、工件坐标、有效载荷数据的操作步骤,以实现机器人的实训操作任务。

2　技能训练

首先打开上一章节建立的工作站机器人系统,如图 7-2-1—图 7-2-3 所示。

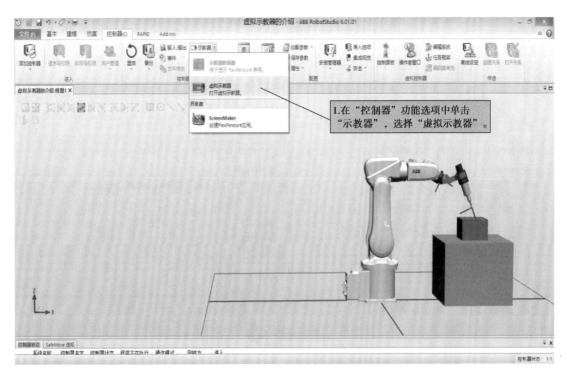

图 7-2-1　打开虚拟示教器

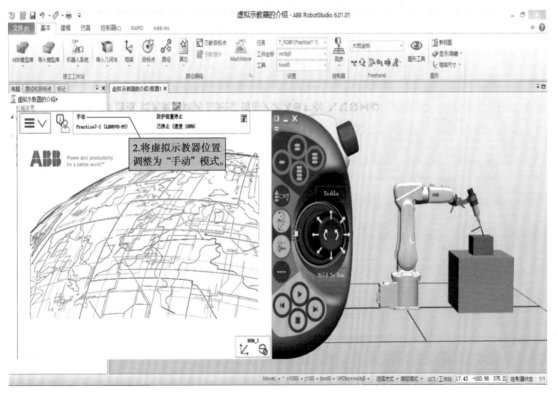

图 7-2-2　调整好虚拟示教器位置

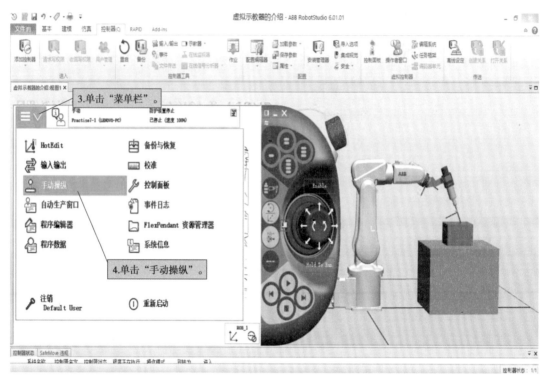

图 7-2-3 进入"手动操纵"界面

1)定义工具数据

定义工具数据如图 7-2-4—图 7-2-7 所示。

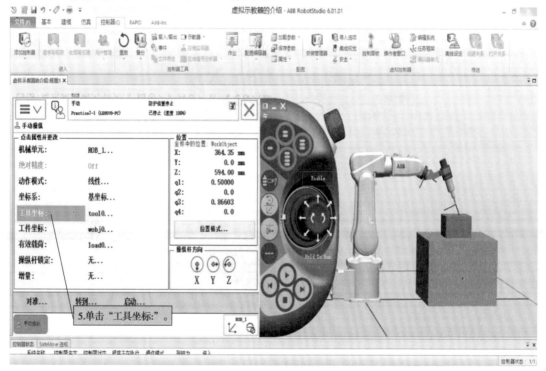

图 7-2-4 选择工具坐标

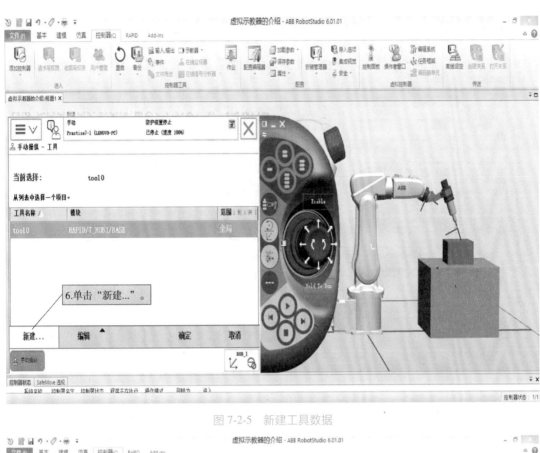

图 7-2-5　新建工具数据

图 7-2-6　设置工具数据参数

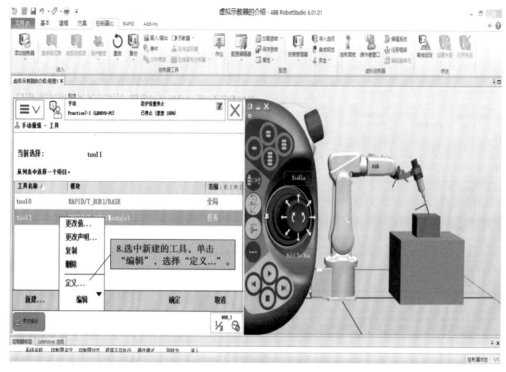

图 7-2-7　定义工具数据

　　"TCP 和 Z,X"定义就是用户常用的六点法定义工具数据,即先选定工件上一固定点,然后将工具的一点(最好是中心点)以不同的姿态靠近工件固定点,第四点为垂直于固定点所在参考面,第五点为从固定点向将要设定为 TCP 的 X 方向移动得到的点,第六点为从固定点向将要设定为 TCP 的 Z 方向移动得到的点,如图 7-2-8、图 7-2-9 所示。

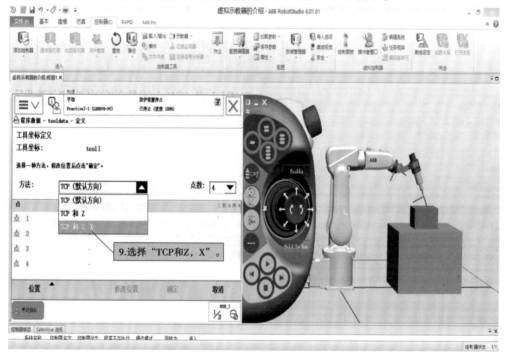

图 7-2-8　选择工具数据定义方法

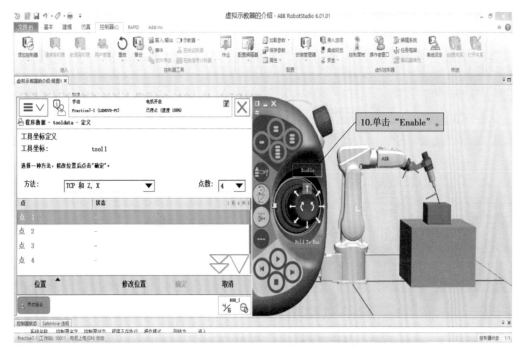

图 7-2-9　靠近固定点

用户在手动操纵机器人运动时,有时会遇到"活动时靠近奇点"的错误信息,这时单击则会在防护装置的监控下自动停止。当出现这种情况时,用户需要先确认错误信息,然后重新单击使能键启动电机,最后改变轴的运动(比如之前是 Z 轴,可以改成 X 轴或 Y 轴方向运动),如图 7-2-10—图 7-2-12 所示。

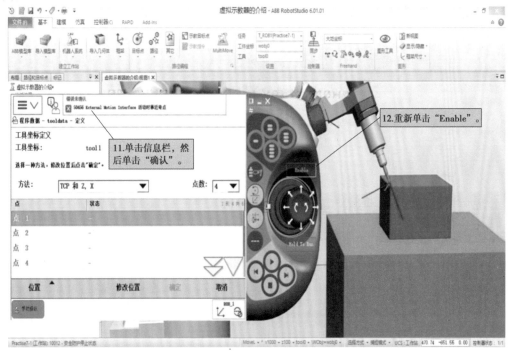

图 7-2-10　"靠近奇点"处理办法

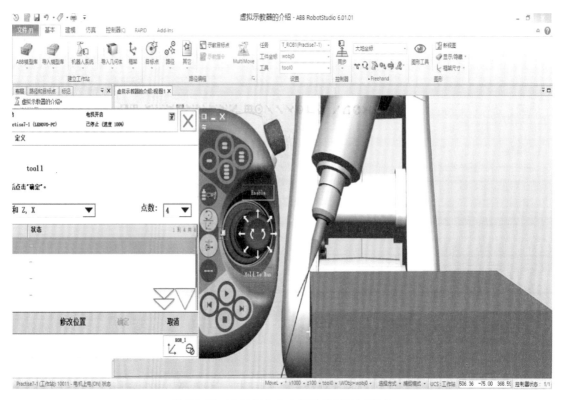

图 7-2-11　改变视角方向以准确接近固定点

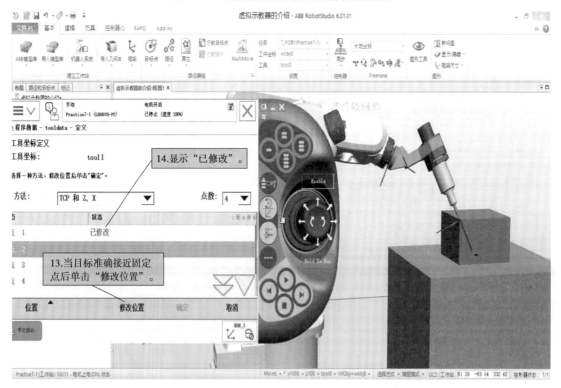

图 7-2-12　修改点 2 的位置

调整工具姿态,以同样的方法接近该固定点,完成点 3 的位置修改,如图 7-2-13 所示。

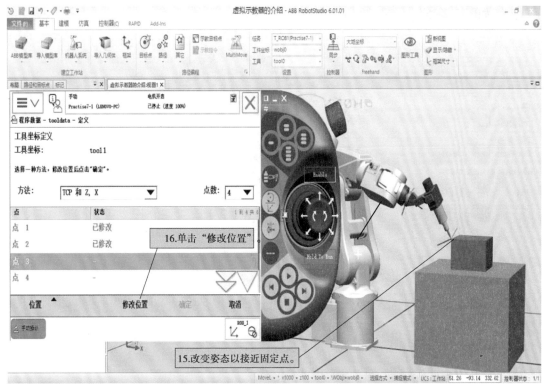

图 7-2-13 修改点 3 的位置

以同样的方法确定点 4 的位置,如图 7-2-14 所示。

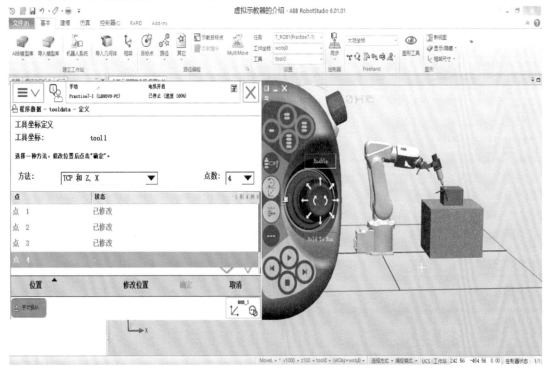

图 7-2-14 修改点 4 的位置

　　用户将工具以垂直姿态接近该固定点,方便后续的 X 轴延伸器点、Z 轴的延伸器点的位置修改,如图 7-2-15—图 7-2-20 所示。

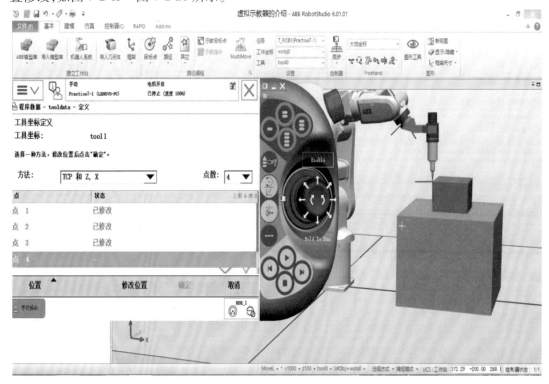

图 7-2-15　修改点 4 的位置

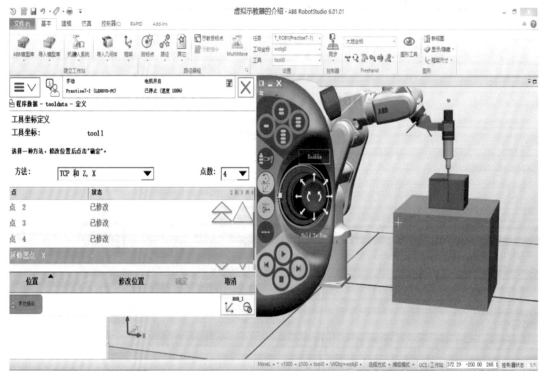

图 7-2-16　修改延伸器点 X

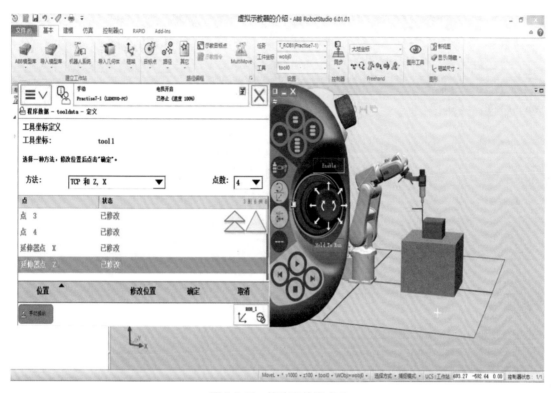

图 7-2-17　修改延伸器点 Z

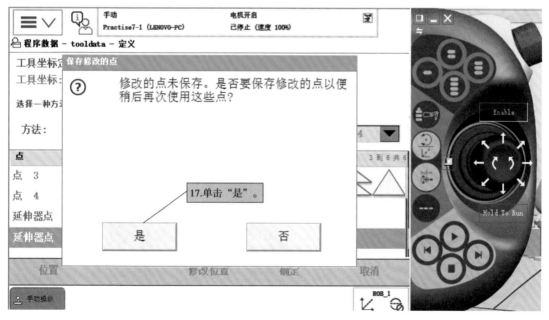

图 7-2-18　保存修改点

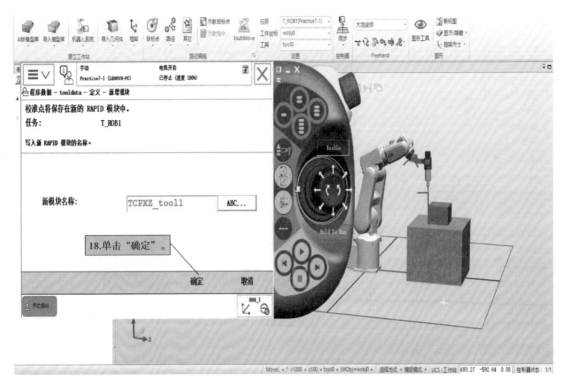

图 7-2-19　确定模块名称

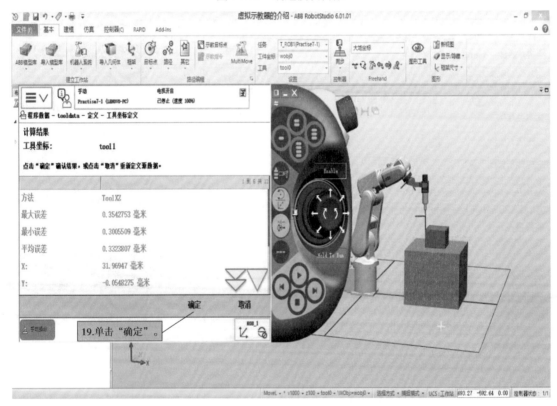

图 7-2-20　查看工具数据误差

选中通过六点定义的工具数据"tool1"，单击"编辑"菜单，选择"更改值…"对工具数据的参数进行设置，如图 7-2-21 所示。

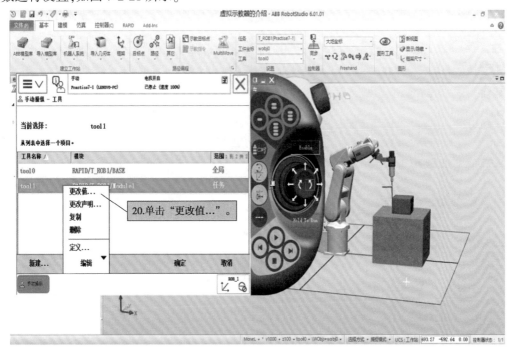

图 7-2-21　更改工具数据的相关值

更改值根据实际零件加工属性进行设定，如图 7-2-22—图 7-2-25 所示。

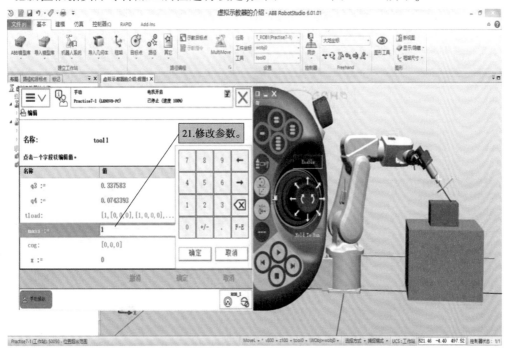

图 7-2-22　"更改值"的设定

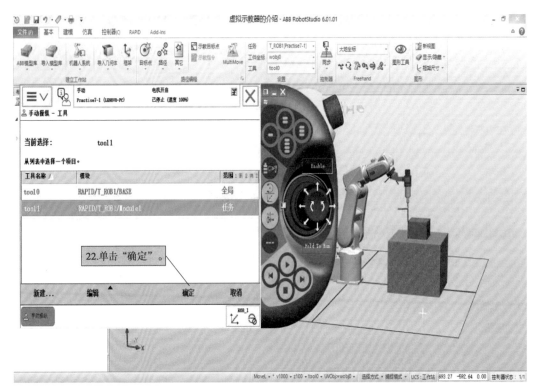

图 7-2-23　完成工具数据的创建

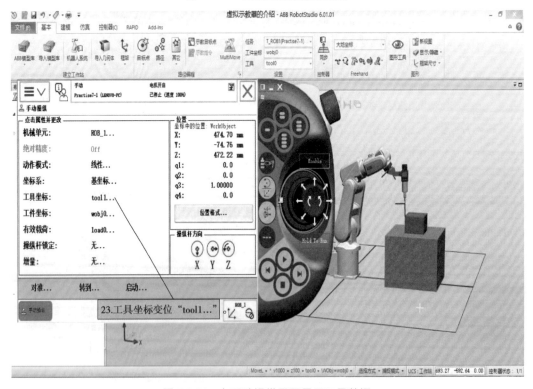

图 7-2-24　在手动操纵界面显示工具数据

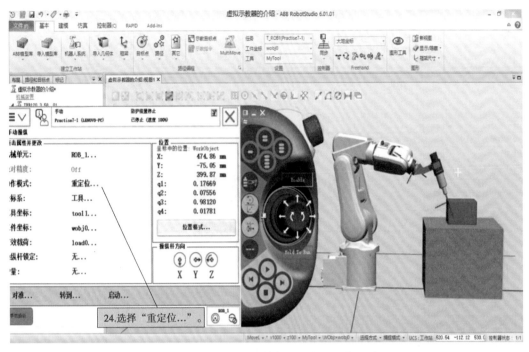

图 7-2-25　在重定位状态下观察工具的运动

2)设定工件坐标

工件坐标对应工件,其定义工件相对于大地坐标(或其他坐标)的位置。机器人可以拥有若干工件坐标系,或者拥有表示不同工件或者表示同一工件在不同位置的若干副本,如图 7-2-26—图 7-2-29 所示。

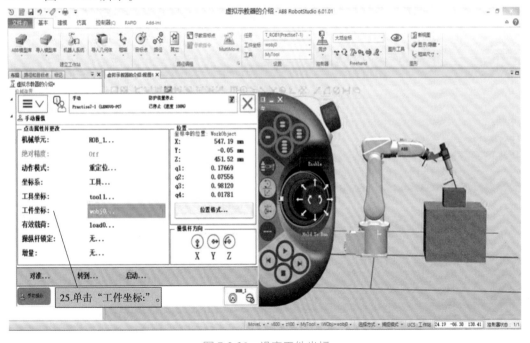

图 7-2-26　设定工件坐标

图 7-2-27　设置工件坐标参数

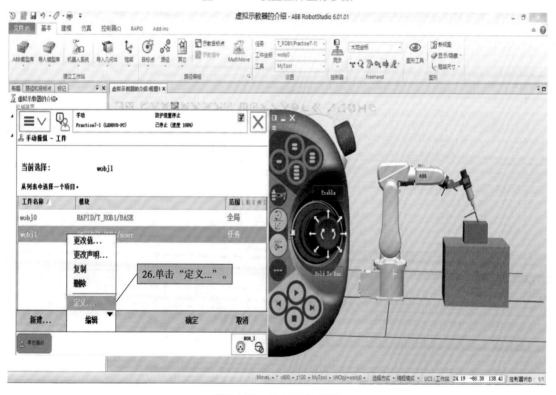

图 7-2-28　定义工件坐标

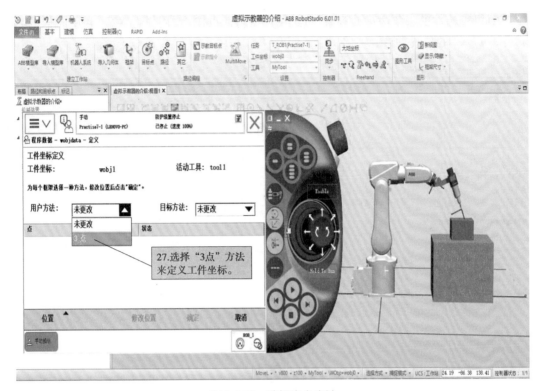

图 7-2-29　选择定义方法

选择合适的运动方式接近如图 7-2-30 所示位置的点。

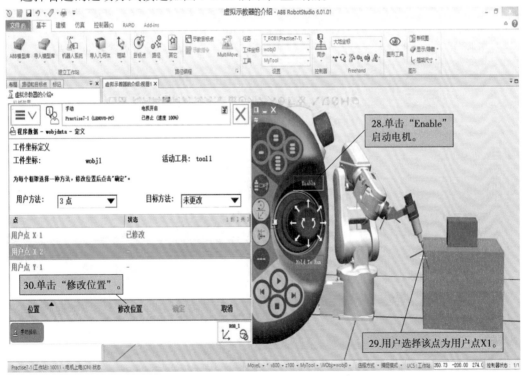

图 7-2-30　定义第一个用户点 X1

工具沿着箱体的一条边运动到某一点,用户可将此点作为"用户点 X2",利用同样的方法修改用户点 X2 的位置,如图 7-2-31 所示。

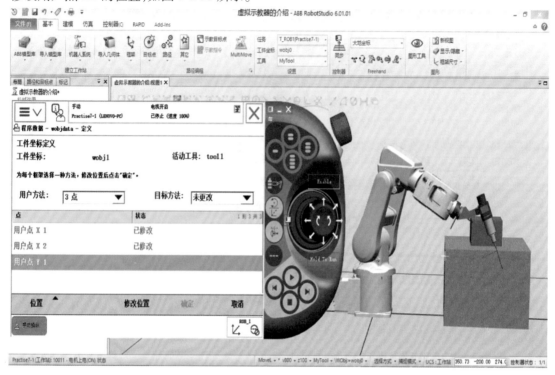

图 7-2-31　定义用户点 X2

工具以合适的方式运动到工件的另一条边上,完成用户点 Y1 的位置修改,如图 7-2-32—图 7-2-36 所示。

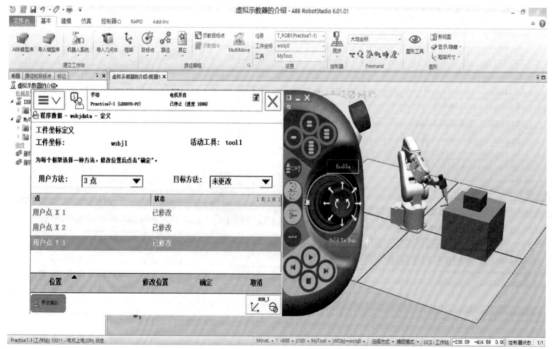

图 7-2-32　定义用户点 Y1

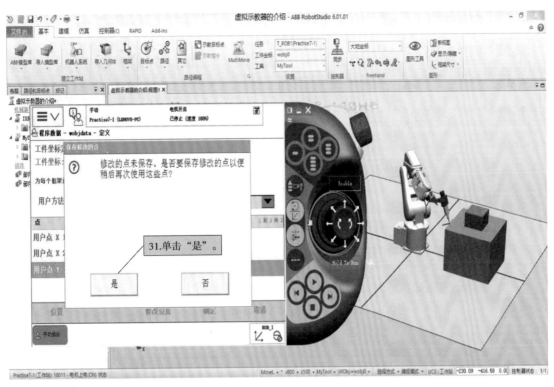

图 7-2-33　保存修改信息

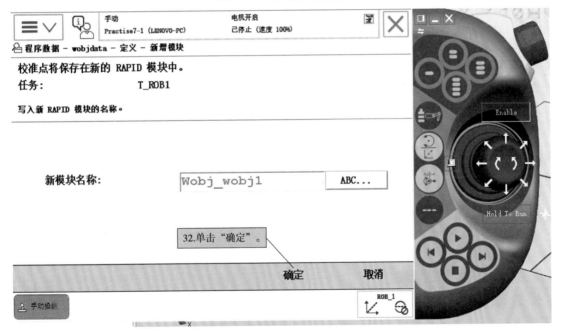

图 7-2-34　确认工件坐标名称

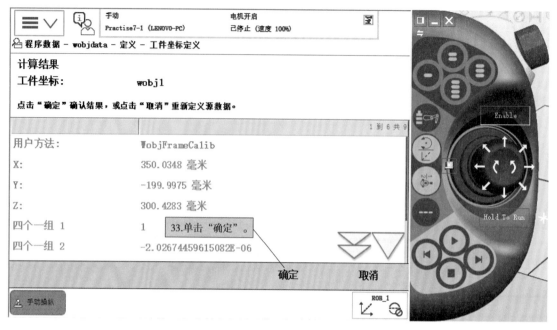

图 7-2-35　查看定义工件坐标计算结果

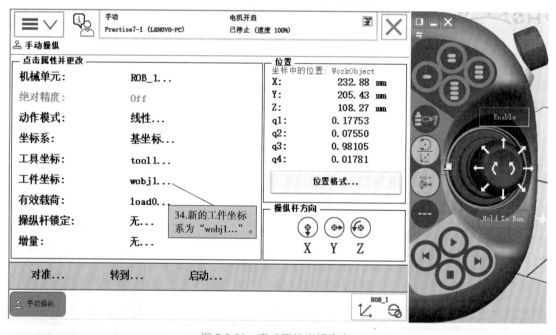

图 7-2-36　完成工件坐标定义

3)载荷数据的设定

用户在操作搬运机器人的过程中,需要对夹具的质量、重心以及搬运对象的质量和重心数据进行确定,如图 7-2-37—图 7-2-40 所示。

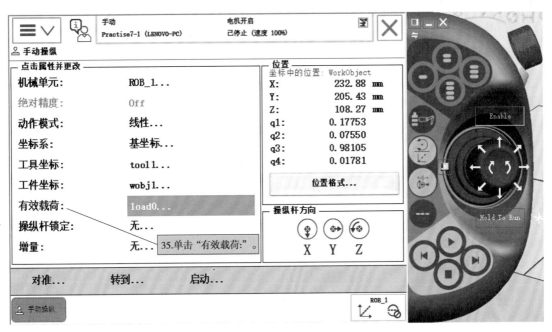

图 7-2-37　设定有效载荷

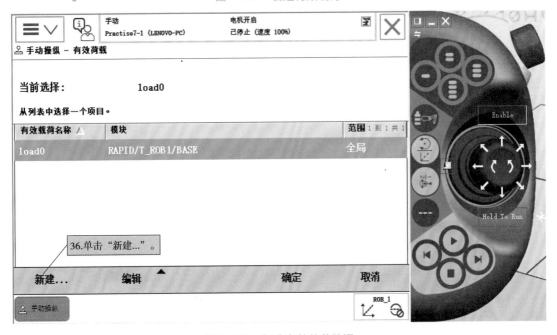

图 7-2-38　新建有效载荷数据

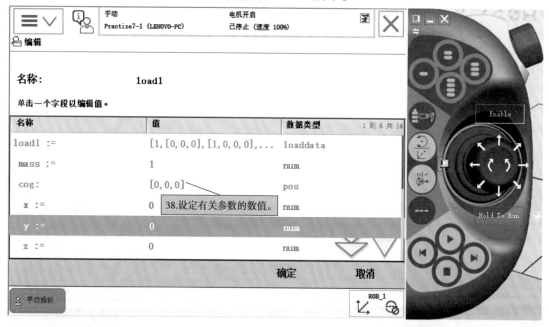

图 7-2-39　设定载荷数据相关参数

根据实际情况设定有关参数的数值，如图 7-2-40 所示。

图 7-2-40　设定有关参数的数值

mass：有效载荷质量。

x，y，z 有效载荷重心。

q1，q2，q3，q4 力矩轴方向。

ix，iy，iz 有效载荷的转动惯量。

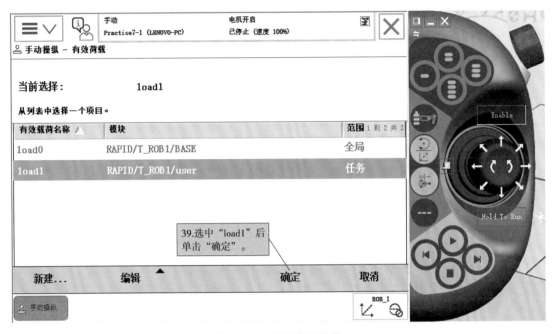

图 7-2-41　选择有效载荷

完成有效载荷数据的设定如图 7-2-42 所示。

图 7-2-42　完成有效载荷数据的设定

3　课后思考及练习

①了解虚拟示教器编程的一般操作步骤。

②编程的 3 个关键程序数据分别是指哪三个？

③练习手动操纵完成 3 个关键程序数据的定义。

4 教学质量检测

任务书 7-2-1

项目名称	RobotStudio 仿真软件中的虚拟示教器		任务名称	利用虚拟示教器模拟设定 3 个关键的程序数据	
班级		姓名	学号		组别	
任务内容	本次任务主要通过虚拟示教器手动操作完成工具数据、工件坐标、载荷数据 3 个关键程序数据的设定				
任务目标	1.完成工具数据的设定 2.完成工件坐标的设定 3.完成有效载荷数据的设定		掌握情况	1.了解 2.熟悉 3.熟练掌握	
任务实施总结					
教师评价					

参考文献

［1］叶晖.工业机器人工程应用虚拟仿真教程［M］.北京:机械工业出版社,2014.

［2］叶晖,管小清.工业机器人实操与应用技巧［M］.北京:机械工业出版社,2010.

［3］汪励,陈小艳.工业机器人工作站系统集成［M］.北京:机械工业出版社,2014.